Federico Colás Marín

# Fabrica biodiesel en el jardín de tu casa

Diseño de portada: Federico Colás Marín.
Primera edición: diciembre de 2011
© 2011, Federico Colás Marín

Impreso por CreateSpace, a DBA of On-Demand Publishing, LLC

ISBN-13: 978-1467900881
ISBN-10: 1467900885

Dedicado a Soledad, Josep y Pepa.
Por haber aguantado mis locuras de químico trasnochado.

# *Introducción*

Estimado lector, antes que nada quisiera agradecerte que hayas comprado este breve, aunque intenso, manual sobre la fabricación de biodiesel.

Como imaginarás y esperarás, la información que aquí te presento tiene como finalidad que puedas fabricar tu propio combustible, no dependerás de las compañías petroleras y además te divertirás en el proceso.

Es solo eso, con este manual no podrás crear tu empresa de fabricación de biodiesel pero si, espero, podrás hacer algunos litros en el jardín de tu casa para darle de comer a ese cacharro con ruedas que tienes aparcado en la puerta.

Si bien aquí te presentaré los procedimientos paso a paso, también te hablaré de algunos detalles que tengo en cuenta a la hora de fabricar el preciado y desconocido biodiesel.

También aprenderás algo de química, lo básico para no quemarte las pestañas mientras trabajas, que te ayudará a entender los procesos que se llevan a cabo dentro del reactor y verás que es más fácil llegar a buen puerto con esos conocimientos. En cualquier caso, te servirán para hacerte el interesante en alguna fiesta….de químicos.

Tienes disponible mi página web http://www.biodieselcasero.com donde podrás encontrar información adicional. No olvides visitarla.

De más está decir que toda la información aquí presentada lo está con fines meramente educativos y no constituye un contrato, tampoco me hace responsable por el uso que des a esta información ni por los daños que puedas ocasionarte, ocasionar a terceros o a las cosas.

Es también tu responsabilidad cumplir con las leyes del territorio en el que vives, infórmate ya que es posible que fabricar biodiesel en tu país sea ilegal. En ese caso te recomiendo encarecidamente que dejes de leer.

Dicho esto, creo que podemos empezar.

# ¿Qué es el biodiesel?

El biodiesel es un líquido obtenido luego de un proceso de transesterificación (en ésteres metílicos) de los ácidos grasos existentes en los aceites vegetales (soja, girasol o colza por ejemplo). Sus características son similares a las del gasóleo aunque deberíamos decir que el biodiesel posee un punto de inflamación considerablemente superior al del gasóleo, esto lo hace más seguro.

Respecto al gasóleo:

- El biodiesel es mucho más biodegradable por lo que los vertidos en el suelo no provocan daños irreparables al ecosistema.
- Es más detergente, despega todos los depósitos que haya dejado el gasóleo y una vez limpio el circuito interno del motor, lo mantiene como nuevo.
- Sus gases de combustión carecen de altas concentraciones de dióxido de azufre, de partículas, metales pesados y compuestos orgánicos volátiles.

Respecto a tu economía:

- No dependerás de los caprichos de una compañía petrolera, las variaciones de precio en las materias primas que usarás son menores.
- El coste de producir un litro de biodiesel es inferior al precio del litro de gasóleo.
- Ahorrarás mucho dinero, aproximadamente el valor de unas vacaciones, es muy motivador saber que las vacaciones se pagaron solas.

Recuerda, obtendrás combustible de un residuo. ¿Qué puede haber mejor que ahorrar dinero, ser ecológico y que el tubo de escape huela bien?

Si tienes una almazara, un campo de olivos o una plantación de girasol y te sobra aceite que no pasa los controles de calidad para ser de consumo humano, estos procedimientos pueden servirte para darle una utilidad a ese remanente de producción.

En este libro nos centraremos en fabricar nuestro combustible a partir de aceite de fritura usado, usar aceite nuevo comprado en el supermercado no es rentable económicamente.

## ¿Qué necesito para fabricar mi biocombustible?

En principio necesitarás más bien poco, pero hagamos una lista:

> 1) Saber algo de química, tranquilo aquí está todo.
> 2) Aceite vegetal usado, no vale el aceite del coche.
> 3) Algunos litros de alcohol, generalmente metanol.
> 4) Hidróxido de sodio, también llamada sosa cáustica.
> 5) Un reactor donde meter todo eso, aquí te daremos algunas ideas.

Seguramente se me olvide algo, pero si vas leyendo este manual sin saltarte nada no habrá problemas.

## ¿Es necesaria mucha inversión para comenzar?

No, para nada. Habitualmente con el ahorro obtenido a lo largo de un año conseguirás recuperar tanto el importe de este libro como el de los materiales, si llegas hasta el final y haces las cosas bien podrás ahorrar mucho dinero.

Esto es una carrera de fondo, esas vacaciones de las que hablamos en la página anterior tardarán un poco en llegar pero si te tomas esto como un hobby y prestas atención, llegarán.

Es importante que no ahorres en seguridad, la vida de la gente y la integridad de sus cosas son más importantes que el biodiesel y todo el ahorro que quieras conseguir, así que por favor no te lo pienses dos veces, ve a una tienda de equipamiento para seguridad en el trabajo y déjate asesorar por los especialistas que te atenderán allí.

También lo es la legalidad, que sea legal comprar este libro en tu país no quiere decir que fabricar biodiesel también lo sea. Infórmate sobre si puedes hacerlo y usarlo en tu automóvil. Lógicamente en caso de no ser legal te pido que no sigas adelante, y si lo haces ES BAJO TU RESPONSABILIDAD.

# Un poco de química

Comenzaremos con una breve clase de química como para saber que tenemos entre manos.

La química es muy parecida a la cocina, puedes seguir una receta y obtener resultados aceptables pero nunca conseguirás ser un buen cocinero si no conoces las características de cada uno de los ingredientes que usas, si no sabes que ingredientes no debes mezclar o si te saltas el control de parámetros básicos como las cantidades o la temperatura.

Veremos la estructura de las distintas moléculas, estas moléculas están compuestas por átomos que, según su orden y tipo, definirán sus características químicas y físicas. Conocer esta estructura te permitirá predecir el comportamiento de los reactivos con los que trabajarás y podrás usar ese comportamiento para obtener los productos que quieras.

En los siguientes capítulos también conocerás las reacciones químicas que se producen entre estas moléculas y como controlarlas. También verás que las reacciones, sean cuales sean sus reactivos, pueden ser llevadas hacia donde tú quieras si sabes que reglas las definen y conducen.

La información que te presento aquí está muy simplificada e intentaré darte ejemplos de la vida diaria que te sirvan para relacionarla con las cosas que te rodean día a día.

Estamos rodeados de química y de reacciones, que ocurren a nuestro alrededor, por lo que debes perderle el miedo a experimentar. Perder el miedo a experimentar no significa que seas un inconsciente, significa que debes investigar la teoría y cuando la domines y conozcas todos los riesgos, puedas comenzar con la práctica con la seguridad de no perder tiempo haciendo pruebas. Ni perder las pestañas en un incendio, por supuesto.


Comencemos…

# Hidrocarburos

Los hidrocarburos son moléculas compuestas por átomos de carbono (C) e hidrógeno (H) principalmente. Estas moléculas tienen nombres como metano, etano, propano, butano, etc. según la cantidad de átomos de carbono que tenga su estructura.

Estas moléculas son las principales componentes del petróleo que pronto dejará de alimentar a tu coche y del gas que usas para cocinar. Los disolventes orgánicos también son hidrocarburos. Las bolsas de plástico, las tuberías y hasta posiblemente la suela de tus zapatos están fabricadas a partir de hidrocarburos.

En la tabla 1 verás algunos hidrocarburos con su nombre y estructura.

| Nombre | Estructura |
|--------|-----------|
| Metano | $CH_4$ |
| Etano | $H_3C - CH_3$ |
| Propano | |
| Butano | |
| Pentano | |
| Octano | |

Tabla 1 – Hidrocarburos

Los hidrocarburos de bajo peso molecular (pocos átomos de carbono) suelen ser gaseosos, según va aumentando la cantidad de átomos de carbono se van haciendo líquidos y sólidos a temperatura ambiente.

En general, por sus características electrónicas no son muy solubles en agua, por ejemplo, si mezclas agua y gasolina tarde o temprano terminarán separándose.

A estos hidrocarburos se les puede reemplazar un hidrógeno (-H) por un grupo hidroxilo (-OH) con lo que obtenemos un alcohol. El nombre de este alcohol derivará del nombre del hidrocarburo terminando en –ol.

## Alcoholes

Los alcoholes son hidrocarburos que poseen unido a algún átomo de carbono (C) un grupo hidroxilo (-OH), si en la molécula solo hay un grupo hidroxilo estamos hablando de un monoalcohol, si hay dos de un glicol y si hay tres de un triol.

Tienen la forma:

R-OH

Donde R es una cadena alquílica (un hidrocarburo) y –OH el grupo hidroxilo.
Ese grupo hidroxilo (-OH) reemplaza a uno o varios de los hidrógenos (-H) del hidrocarburo.  En la tabla 2 verás algunos alcoholes con su nombre y estructura.

| Nombre | Estructura |
|---|---|
| Metanol | $H_3C$—$OH$ |
| Etanol | $H_3C$—$C$ $H_2$ —$OH$ |
| 2-Propanol | $H_3C$—$C$ $H$ con $CH_3$ y $OH$ |
| Etilenglicol | $C$ $H_2$ —$C$ $H_2$ con $OH$ y $HO$ |
| Glicerol | $C$ $H_2$ —$C$ $H$ con $C$ $H_2$ —$OH$, $HO$ y $OH$ |

Tabla 2 – Alcoholes

Seguramente estos nombres te sonarán:

- Metanol, es el alcohol de quemar.
- Etanol, el alcohol de las bebidas alcohólicas.
- 2-propanol, se usa como limpiador.
- Glicerol, es la glicerina del jabón.

Es el grupo hidroxilo el que hace que la mayoría de los alcoholes tenga una mejor miscibilidad en agua que los hidrocarburos. La presencia del átomo de oxígeno (O) permite que el agua se una con mayor facilidad.

Este proceso de unión por el que los líquidos y sólidos se disuelven se llama solvatación. La solvatación es la responsable de que el jabón limpie como lo hace. Hay mucha bibliografía disponible, acércate a la biblioteca de tu universidad más cercana.

## Ácidos

Los ácidos orgánicos que verás aquí adoptan la forma:

R-COOH

Donde R es una cadena alquílica (un hidrocarburo).

Pueden obtenerse ácidos orgánicos por oxidación de alcoholes, el ejemplo más común es el vinagre (ácido acético) proveniente de la oxidación del etanol del vino.

Vamos a distinguir tres tipos de ácidos:

- Los minerales (ácido sulfúrico, clorhídrico, etc.)
- Los orgánicos (ácido acético, ascórbico, etc.)
- Grasos - que son ácidos orgánicos con más de 14 átomos de carbono - (ácido esteárico, palmítico, etc.).

Los integrantes de cada una de estas categorías poseen una serie de características que nos servirán para determinados propósitos, los ácidos minerales los utilizaremos como aceleradores de algunas reacciones, los ácidos orgánicos pueden usarse como correctores de ciertas condiciones de reacción.

Los ácidos grasos, por otra parte, pueden ser un problema porque son uno de los ingredientes para la formación de jabón (que nos puede fastidiar bastante) y también puede ser parte de la solución si los convertimos en biodiesel.

Es importante saber que podemos hacer en cada momento con los materiales con los que trabajamos. Por eso debes conocerlos.

En la tabla 3 verás algunos ácidos con su nombre y estructura.

| Nombre | Estructura |
|---|---|
| Ácido fórmico | |
| Ácido acético | |
| Ácido sulfúrico (ácido inorgánico) | |
| Ácido esteárico | |
| Ácido palmítico | |

Tabla 3 – Ácidos

Estos ácidos están muy cerca de nosotros:

- Ácido fórmico, es el ácido que inyectan las hormigas al morder.
- Ácido acético, es el componente principal del vinagre.
- Ácido sulfúrico, lo encontrarás dentro de la batería del coche.
- Ácido esteárico y palmítico, están presentes en las grasas.

Te interesará saber que los ácidos grasos no son solubles en agua, pero en presencia de agua e hidróxido de sodio (NaOH) forman jabones. Los jabones no son precisamente amigos del productor de biodiesel, te encontrarás con ellos tarde o temprano.

## Sales de ácidos grasos

Cuando reacciona un ácido graso con una base, por ejemplo el hidróxido de sodio (NaOH) se forma una sal a la que algunas veces nos referiremos como jabón.
Estas sales tienen la particularidad de poder "unir" dos líquidos que en principio deberían separarse tal como harían el agua y el aceite.

Las sales de ácidos grasos son moléculas muy grandes con dos zonas diferenciadas entre sí, una soluble en agua y otra soluble en grasas.

Si hacemos reaccionar ácido esteárico con hidróxido de sodio en medio acuoso, obtendremos estearato de sodio.

ácido esteárico

estearato de sodio

Zona hidrofílica

La zona denominada hidrofílica (que es afín al agua), será soluble en agua mientras que el resto de la molécula (al ser básicamente un hidrocarburo) será afín a las grasas.
Esto provocará que cuando mezclemos agua y grasas en presencia de estas sales, no se separen en dos fases diferenciadas. El jabón formado mantendrá cada gota de grasa unida a varias otras de agua y esas mismas a otras de grasa. Así se forma lo que llamamos emulsión.

Los detergentes con los que lavas los platos, que usas para ducharte y para lavar el coche son compuestos muy parecidos al estearato de sodio, todos tienen una zona que se disuelve en agua y otra zona que se disuelve en grasa.

Romper las emulsiones es uno de los temas que más dudas generan a los fabricantes de biodiesel, aunque no es especialmente difícil si sabes por qué se producen.

# Ésteres

Los ésteres son compuestos orgánicos en los cuales un grupo alquilo (hidrocarburo) reemplaza a un átomo de hidrógeno (-H) en un ácido orgánico.

Tienen la forma:

R1-COO-R2

Donde R1 y R2 son cadenas de hidrocarburo.

Los ésteres más comunes en la naturaleza son las grasas, que son ésteres del glicerol con ácidos grasos (esteárico, oleico, etc.)

Estos compuestos son más hidrofóbicos (repelen el agua) que los ácidos y los alcoholes, por lo que tienden a no mezclarse con el agua ni con alcoholes y ácidos de bajo peso molecular.

El biodiesel es una mezcla de ésteres metílicos de ácidos grasos, es decir, son ésteres formados a partir de los ácidos grasos presentes en el aceite y metanol.

En la tabla 4 verás algunos ésteres con su nombre y estructura.

| Nombre | Estructura |
|--------|-----------|
| Acetato de butilo | |
| Hexanoato de alilo | |
| Oleato de metilo | |

Tabla 4 – Ésteres

# Un poco de química II

Ya conocemos algunos compuestos químicos, no seguiré detallando más ya que el propósito de este libro no es que consigas un título de químico, no necesitamos más competencia, sino que hagas tu propio biocombustible. Así que pasemos a las reacciones:

## Reacción de esterificación

Las reacciones de esterificación tienen como producto final un éster, a partir de la deshidratación de un alcohol y un ácido. Esta reacción tiene lugar en medio ácido.

En general:

$$\text{Acido} + \text{Alcohol} \rightarrow \text{Éster} + \text{Agua}$$

Por ejemplo:

El ácido octanóico reacciona con metanol para dar octanoato de metilo.

Esta reacción se realiza en presencia de un ácido (que no he escrito en la reacción) y además genera una molécula de agua por cada molécula de éster producida.

Si en vez de utilizar ácido octanóico usaras un ácido graso, oleico por ejemplo, obtendrías un éster metílico llamado oleato de metilo que puede considerarse como biodiesel.

Por medio de esta reacción se obtienen compuestos tan útiles como el acetato de celulosa, la aspirina y la benzocaína.

Como te decía hace algunas páginas, estas reacciones están a tu alrededor y debes perderles el miedo.

# Reacción de transesterificación

En las reacciones de transesterificación, reaccionan un éster y un alcohol, resultando un nuevo éster que contiene otro grupo alcoxi (R-O- del alcohol reaccionante) y una molécula de alcohol proveniente del grupo alcoxi saliente (que formaba parte del éster original). Estas reacciones se pueden llevar a cabo en medio ácido o en medio básico.

En general:

$$R1\text{-}COO\text{-}R2 + R3\text{-}OH \rightarrow R1\text{-}COO\text{-}R3 + R2\text{-}OH$$

Por ejemplo:

El octanoato de propilo reacciona con el metanol en presencia de una base (NaOH) para dar octanoato de metilo y propanol.

Estas reacciones son muy utilizadas en la industria alimentaria para cambiar las propiedades de ciertas grasas y así evitar que se produzcan cristales que podrían dañar la estética de los productos.

Uno de los problemas que se pueden presentar en este tipo de reacciones, y en realidad en todas, es que los reactivos se separen y entonces estamos obligados a mantener una agitación relativamente intensa de forma que se formen pequeñas gotas de un reactivo dentro del otro.

A mayor agitación, mayor cantidad de esas gotitas y por tanto mayor cantidad de zonas de reacción. Cuantas más zonas de reacción haya, mayor rendimiento y velocidad de reacción.

Esto es muy importante en la fabricación de biodiesel, en la que usaremos la transesterificación como reacción principal, ya que el metanol y el aceite (reactivos que utilizaremos) tienden a separarse.

# Reacciones de equilibrio

Intentaré explicar esto de forma sencilla y posiblemente errónea, así que pido disculpas a los colegas químicos que lean esto y descubran que para simplificar la idea me he cargado muchas cosas por el camino.

Cuando llevamos a cabo una reacción entre dos o más reactivos para obtener uno o más productos ocurre algo que llamamos equilibrio. Es decir, cuando A reacciona con B para dar C y D, al final de la reacción las concentraciones de A y B no son 0.

En una reacción:

$$a\,A + b\,B \rightarrow c\,C + d\,D$$

Al principio de la reacción tendremos una cantidad determinada de A y B, nada de C y nada de D. Según va avanzando la reacción, las cantidades de A y B disminuyen mientras que las de C y D aumentan.

Al final de la reacción, es de esperar que las cantidades de A y B sean 0 ya que se convirtieron en C y D pero esto no es así. Lo que obtendrás será muy poco de A y B y mucho de C y D pero siempre tendrás un poco de los reactivos.

El punto en el que las cantidades de C y D dejan de aumentar para mantenerse constantes se llama punto de equilibrio. En ese momento se verifica que la relación entre las concentraciones de A y B respecto a las de C y D es constante.

Podríamos escribir entonces que:

$$cte = \frac{[C]^c [D]^d}{[A]^a [B]^b}$$

Si queremos obtener un poco más de los compuestos C y D, para mantener la relación constante tendremos que aumentar las cantidades de A y/o B. También podríamos disminuir la cantidad de C o D.
A eso se le llama "desplazar a la derecha la reacción".

Este "truco" lo usaremos para obtener un mejor rendimiento de nuestra reacción de obtención de biodiesel. Quitaremos uno de los productos para que la reacción se vea forzada a seguir produciendo para llegar al equilibrio.

# Catalizador

Un catalizador es un compuesto que al estar presente en una reacción es capaz de acelerarla (o hacerla más lenta). Sin formar parte del producto final.

Los catalizadores reaccionan con uno o más de los reactivos para formar productos intermedios que, posteriormente, conducen al producto final de reacción. Una vez obtenido el producto se regenera el catalizador.

Por ejemplo, para:

$$A + B \rightarrow AB$$

Es posible que esa reacción sea muy lenta, pero en presencia de un compuesto K la reacción se acelera debido a que se forman compuestos intermedios más reactivos.

$$A + B + K \rightarrow AK + B$$
$$AK + B \rightarrow AB + K$$

Como vemos, al final de la reacción obtenemos K nuevamente.

El concepto de catálisis puede ser complejo, limitémonos a saber que en presencia de determinados compuestos las reacciones pueden ser más rápidas.

Los catalizadores pueden ser líquidos, gaseosos o sólidos, la única condición que deben cumplir es que formen parte de la reacción pero no del producto final.

Son compuestos muy importantes en el desarrollo de una reacción, hacen posible la producción de compuestos que de otra manera sería imposible conseguir.

En 1933 los químicos Reginald Gibson y Eric Fawcett obtuvieron polietileno (el plástico de las bolsas) sometiendo al etileno a una presión de 1.400 bar y 170 °C, esas condiciones son excesivamente duras y hacen la producción de polietileno inviable.
Fue unos años más tarde cuando Karl Ziegler y Giulio Natta utilizando catalizadores metálicos consiguieron producir polietileno en unas condiciones mucho más compatibles con las necesidades de la industria. Este descubrimiento les valió el premio Nobel en 1963.

De no existir los catalizadores, gran parte de los materiales que conoces hoy no existirían.

# Un poco de física

Uff, que rollo dirás. Intentaré ser breve haciendo una reseña de los métodos físicos que usaremos para nuestro propósito de fabricar combustible.

Los procesos que verás ahora no comprenden un cambio en la estructura de la materia, no hay cambios químicos, están destinados a separar unos compuestos de otros según nuestra necesidad.

## Decantación de sólidos

El aceite usado que usarás para fabricar el biodiesel, además de tener un color bastante feo tiene muchas partículas en suspensión. Recuerda que allí dentro freíste unos filetes empanados y la mitad del pan se quedó dentro de la sartén.

Utilizaremos la decantación para deshacernos de todas esas impurezas. Deberás dejar el mayor tiempo posible (algunos días) el aceite reposando, verás que por acción de la gravedad todas las partículas que tenías en suspensión se van al fondo.

Este es un proceso cuya velocidad va a depender en parte de la viscosidad del aceite, por lo que es cuestión de armarse de paciencia y esperar. La gravedad se ocupará de todo.

## Decantación y separación de fases

La separación de fases se da entre dos líquidos de distintas densidades, por ejemplo el agua y el aceite. Si los pones juntos en un vaso, verás que tarde o temprano se separan quedando el agua abajo y el aceite arriba. Eso es debido a que el agua es más densa y no se mezcla ni reacciona con el aceite.

Utilizaremos este fenómeno para separar los productos de la reacción. Los productos que obtendrás no se mezclarán y su diferencia de densidades es suficientemente grande como para permitir la separación en un tiempo relativamente corto.

## Destilación

En una destilación lo que haces es separar dos líquidos que están disueltos uno en el otro. Si los dos líquidos no son lo suficientemente distintos será imposible separarlos por decantación, entonces lo que haremos es calentarlos, evaporar uno de ellos y recogerlo en otro sitio.

Este proceso se utilizaba en la época de la Ley Seca para fabricar licores, en nuestra reacción uno de los productos resultantes tendrá una alta concentración de metanol. Si quieres recuperarlo para volver a introducirlo en la siguiente reacción deberías usar una destilación.

Este es un proceso delicado y es posible que no sea necesario que lo lleves a cabo hasta dentro de un tiempo, por ahora vamos simplemente a nombrarlo y tenerlo presente para un futuro.

## *Antes de comenzar a fabricar biodiesel*

POR FAVOR, antes de ponerte a mezclar compuestos químicos es mejor que leas (un par de veces) las hojas de seguridad de los productos que usarás. Hay una copia de ellas al final de este manual y si te falta alguna puedes descargarla de http://www.insht.es

Consíguete una bata, gafas de seguridad y guantes de látex. Los productos con los que trabajarás pueden quemarte. Además será necesario que trabajes en un sitio ventilado, los vapores del metanol son tóxicos. Es más que recomendable que uses una máscara con filtros para metanol, en cualquier tienda de material de seguridad en el trabajo te sabrán aconsejar. También deberás tener a mano un extintor de incendios correctamente cargado y funcionando. POR NINGÚN MOTIVO AHORRES EN SEGURIDAD.

### Reactivos necesarios para fabricar biodiesel

Como ya te he comentado, el biodiesel es una mezcla de distintos esteres de ácidos grasos. Para fabricar biodiesel necesitaremos transformar el aceite de freidora en esos ésteres de ácidos grasos. Esta transformación se realiza mediante una reacción llamada transesterificación, de la que algo ya hemos hablado.

Para realizar una transesterificación necesitaremos un éster, en nuestro caso es el aceite (que es un triéster del glicerol), un alcohol y un catalizador. Ayudaremos a la reacción con agitación, para aumentar los puntos de contacto entre reactivos, y temperatura, para aumentar la velocidad de reacción.

La reacción queda como:

Aceite + Metanol → Biodiesel + Glicerol

Como catalizador usaremos metóxido de sodio ($NaOCH_3$).

El aceite que usaremos es aceite usado de freidora, químicamente podemos describirlo como un triéster del glicerol. Su estructura sería algo así:

Aceite
(ésteres de ácidos grasos y glicerol)

Donde –OCOR son las distintas cadenas de ácidos grasos. No tienen por qué ser iguales entre sí, y varían según el aceite del que se trate.

El alcohol que usaremos será el metanol, uno de los motivos es su bajo precio ya que es el alcohol más barato. Además la velocidad de transesterificación disminuye según aumenta el tamaño del alcohol. La reacción con metanol es mucho más rápida que con etanol y ésta más rápida que con propanol.

Como catalizador usaremos metóxido de sodio que prepararemos disolviendo hidróxido de sodio (NaOH) en metanol, por similares motivos ya que el hidróxido de sodio es muy barato. Podríamos usar hidróxido de potasio (KOH) aunque éste es más caro y necesitaríamos más cantidad ya que su peso molecular es mayor.

# *Una receta simple - Reacción de una etapa*

La fabricación de biocombustible requiere práctica, por eso comenzaremos fabricando biodiesel con un método simple y a pequeña escala.

Necesitaremos:

- 1.000 ml de aceite (nuevo, de girasol preferiblemente)
- 170 ml de metanol ($CH_3OH$)
- 5 g de hidróxido de sodio (NaOH)
- Un recipiente de vidrio con tapa, a ser posible transparente.

Empecemos:

1) Disuelve el NaOH en el metanol dentro de la botella.

El NaOH no se disuelve fácilmente en el metanol, para poder disolverlo deberás agitar la mezcla durante un rato, tardará pero se disolverá.

Ten cuidado de no respirar los vapores del metanol, son muy malos. Hazme caso y cómprate una máscara con filtros. ¡Tampoco lo toques!

2) En otro recipiente, calienta el aceite a unos 50 ºC. Controla la temperatura con un termómetro y no te pases.

3) Vierte el aceite con cuidado dentro del recipiente de vidrio que contiene la mezcla de metanol/metóxido de sodio, tápalo y agita durante 10 seg.

4) Abre la tapa con cuidado de no respirar ni tocar los vapores que puedan salir. Vuelve a cerrarla y vuelve a agitar durante 10 seg. Así durante 10 minutos.

5) Deja el recipiente destapado en un rincón y vuelve a verlo una hora después. Verás que se han formado dos capas, la de arriba es el biodiesel y la de abajo es glicerol.

6) Separa el biodiesel, usando una jeringa por ejemplo.

7) Deja el biodiesel reposar una semana en un recipiente abierto. Estará listo cuando ya no se vea turbio.

¡Ya está, has conseguido tu primera transesterificación! Veamos ahora que ocurrió y como mejorar esto ya que todavía es pronto para usarlo en el coche.

# ¿Qué ha pasado aquí?

Veamos la reacción general y luego vayamos paso a paso:

$$Aceite + Metanol \rightarrow Biodiesel + Glicerol$$

1) Cuando mezclaste hidróxido de sodio con metanol se formó metóxido de sodio y agua.

$$NaOH + CH_3OH \rightarrow NaOCH_3 + H_2O$$

Aunque no te lo haya dicho antes, debes saber que hay un exceso de metanol respecto a la cantidad de NaOH que disuelves y por tanto ese líquido que has obtenido en el primer recipiente es una mezcla de metóxido de sodio y metanol (nuestro catalizador y uno de los reactivos respectivamente).

2) Luego calentaste el aceite, esto es porque el calor también acelera la reacción y tendrás que esperar menos para llegar al final del proceso.
Tienes que tener cuidado de no pasarte de los 55 ºC ya que más calor hará que se te evapore en metanol. Y si se evapora el metanol no tendremos reacción.

3 y 4) Al mezclar el metóxido de sodio, el metanol y el aceite es cuando se produce la transesterificación. Y es cuando los ácidos grasos que forman el aceite se separan del glicerol y se esterifican con el metanol. Estos ésteres del metanol son el biodiesel.

Veamos la reacción:

| Aceite | Metanol | Biodiesel | Glicerol |
| (ésteres de ácidos grasos y glicerol) | | (ésteres metílicos de ácidos grasos) | |

5 y 6) Al dejar reposar la mezcla, debido a las distintas densidades del biodiesel y del glicerol, los dos productos se separan. Este es un proceso que tarda un tiempo, por lo que es imprescindible ser paciente. Luego debes quedarte con la parte de arriba.

7) ¿Recuerdas la reacción de formación de metóxido? En esa reacción se formaba agua, y sigue dentro de la botella. Es el agua de esa reacción la que hace que el biodiesel que acabas de separar se vea turbio. Al dejar varios días el biodiesel en un recipiente abierto lo que consigues es que el agua se evapore y deje únicamente biodiesel.

También podrías calentar un poco el biodiesel e ir agitando para que el agua se evapore más rápidamente pero esto da lugar a polimerizaciones y degradaciones innecesarias e indeseadas.

Todo esto que has hecho es sólo una parte del proceso de fabricación de biodiesel, tal vez la parte más importante pero no la única ya que hay otras muy importantes que son imprescindibles para no tener problemas en la reacción ni posteriormente daños internos en el motor.

Verás, eso sí, a continuación el proceso de transesterificación modificado de tal manera que puedas obtener mayor cantidad de producto y con esto, menor contaminación del biodiesel por parte de los reactivos.

Como vimos, al final de la reacción quedarán restos de aceite y metanol que se distribuirán entre la fase de biodiesel y la de glicerol, gran parte del metanol se quedará en la fase de glicerol porque es más soluble allí, pero el aceite prefiere disolverse en el biodiesel.

La presencia de aceite sin reaccionar en el biodiesel no es deseable porque está relacionada con la presencia de ácidos grasos libres y otros compuestos que al llegar al motor pueden producir polímeros que obstruyen tuberías, filtros e inyectores.

Por otro lado, la contaminación del biodiesel con metanol es igualmente indeseable. La presencia de metanol disminuye el punto de inflamación del combustible y lo hace más peligroso de manipular.

# Mejorando el proceso - Reacción en dos etapas

Hablamos hace algunas páginas de las reacciones de equilibrio y como en determinado momento teníamos en el reactor todos los compuestos a la vez.

Al final de nuestra reacción

Aceite + 3 Metanol → 3 Biodiesel + Glicerol

Tendremos los cuatro componentes presentes a la vez y cumpliendo la relación:

$$cte = \frac{[Productos]}{[Reactivos]} = \frac{[Biodiesel]^3[Glicerol]}{[Aceite][Metanol]^3}$$

Donde [Biodiesel],[Glicerol],[Aceite],[Metanol] son las concentraciones de biodiesel, glicerol, aceite y metanol respectivamente (en mol/l por ejemplo).

Para obtener una mayor cantidad de biodiesel debemos agregar un exceso de uno de los reactivos. Usaremos un exceso de metanol por cuestiones prácticas.

Para que la relación sea constante teniendo en cuenta el agregado del metanol, la reacción deberá generar más biodiesel.

Eso está bien, pero queremos exprimir al máximo el aceite y sacarle todo el biocombustible que se pueda. Así que mientras la reacción se lleva a cabo, también separaremos glicerol. Al quitar glicerol la relación queda otra vez desbalanceada y la reacción debe seguir generando biodiesel.

Veamos esto de manera práctica.

Necesitaremos:

- 1.000 ml de aceite (nuevo, de girasol está bien)
- 170 ml de metanol (MeOH)
- 5 g de hidróxido de sodio (NaOH)
- Un recipiente de vidrio con tapa, a ser posible transparente.
- Un par de recipientes extra

El proceso:

1) Disuelve el NaOH en el metanol dentro del recipiente de vidrio y una vez disuelto, separa unos 40 ml de la mezcla en otro recipiente.

2) En otro recipiente, calienta el aceite a unos 50 °C (controla la temperatura con un termómetro y no te pases).

3) Vierte el aceite con cuidado dentro del recipiente de vidrio que contiene la mayor cantidad de mezcla de metanol/metóxido de sodio, tapa y agita durante 30 minutos.

4) Deja el recipiente destapado y quieto durante 2 horas.

5) Separa el glicerol formado con una jeringa provista de un tubo que llegue al fondo, recuerda que el glicerol es el de la capa de abajo.

6) Calienta ligeramente el biodiesel hasta los 50 °C, para esto mete el recipiente de vidrio a "baño maría" agitando y cuidando de que no le entre agua. Es muy importante no pasarse de temperatura y que no tenga humedad.

7) Vierte sobre el biodiesel que tienes, los 40 ml de metanol/metóxido de sodio que habías reservado en el punto 1.

8) Tapa y agita durante 30 minutos.

9) Deja el recipiente destapado y quieto durante 12 horas.

10) Separa el glicerol usando una jeringa de la misma forma que hiciste en el punto 5.

11) Deja el biodiesel en el recipiente abierto hasta que pase de turbio a transparente.

IMPORTANTE: el biodiesel que has hecho hasta ahora NO debe usarse en un coche, realmente lo que hemos hecho es practicar y ver como se produce la reacción de transesterificación. Faltan otros procesos destinados a mejorar las condiciones del combustible y hacerlo apto para poder usarlo en el coche.

# La vida real

Hemos visto como llevar a cabo la transesterificación, es decir, como transformar el aceite en biodiesel. Pero fabricar biodiesel para usar en el coche es un proceso más largo y requiere que tengamos en cuenta algunas otras cosas.

En Diagrama 1, tienes un esquema del proceso completo.

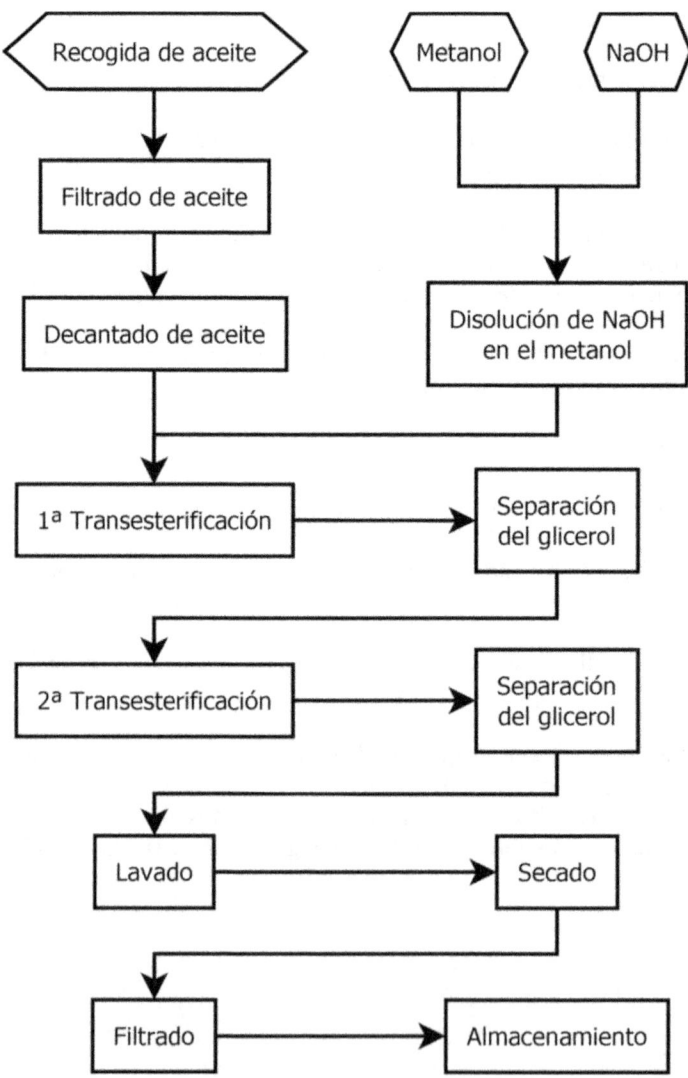

Diagrama 1. Procesos necesarios para la fabricación de biodiesel.

Veamos ahora cada proceso independientemente para luego crear un sistema completo capaz de poder hacer pequeños lotes de unos 50 a 100 litros por vez.

## Filtrado de aceite

El aceite que utilizarás no será aceite nuevo, estará usado y vendrá con muchas impurezas. Así que necesitas filtrarlo.

Yo utilizo un colador de alambre (de esos para separar la pulpa del zumo de frutas) para pasar el aceite a un recipiente de almacenamiento. Con eso las partículas más grandes se separarán.

Conozco gente que usa unos pantalones vaqueros como filtro, también vale aunque es un poco más lento.

## Decantado de aceite

Ya hemos quitado muchas impurezas, pero necesitamos deshacernos de las impurezas más pequeñas y para eso dejaremos decantar el aceite durante una o dos semanas así los sólidos se irán al fondo.

Este proceso de decantado debe durar como mínimo 48 horas, aunque cuanto más tiempo esté el aceite decantando mejor será la separación, no es necesario que el depósito tenga un fondo cónico ya que la fase que nos interesa es la superior.

Según pasan las horas, debido a la gravedad, las partículas se depositan en el fondo. Algunas también se irán a la superficie, lo importante es que vayan a alguno de los dos extremos del depósito.

Uno de tus peores enemigos a la hora de fabricar biocombustible es el agua, si el aceite que vas a reciclar está muy usado es posible que tenga algo de agua y la mayor parte se irá al fondo, la solubilidad del agua en el aceite es muy baja.

Además, debes evitar corrientes térmicas dentro del tanque ya que estas agitarán las partículas depositadas en el fondo y adiós a todo el trabajo que teníamos hecho. Así que nada de mezclar aceite frio con caliente.

# Preparación de metóxido

Prepararemos el metóxido de sodio en un recipiente plástico preferiblemente, porque es corrosivo. Una forma simple aunque lenta es meter dentro de un bidón de PE la cantidad necesaria de NaOH y el metanol correspondiente. Cada vez que pases cerca lo agitas un poco, para el día siguiente suele estar disuelto.

También puedes utilizar un tanque con agitación mecánica, pero ten mucho cuidado para que los vapores del metanol no entren en contacto con ninguna chispa o fuente de calor.
Debes tener paciencia ya que la velocidad de disolución del NaOH en metanol es muy baja.

Ten cuidado con los reactivos (NaOH y Metanol) ya que son peligrosos si no se manipulan correctamente. Lee las hojas de seguridad al final de este libro.


# 1ª reacción de transesterificación

Ya tenemos nuestro aceite filtrado y también el metóxido preparado, así que los mezclaremos junto con algo más de metanol en nuestro reactor.

El aceite y el metanol no son miscibles entre sí (no se mezclan), es decir que si los dejas se van a separar y si esto ocurre la reacción será mucho más lenta, en este punto debemos asegurarnos que tanto el metanol como el aceite entran en contacto.

Usaremos una bomba que aspirará de la parte inferior del reactor la mezcla y la dejará caer nuevamente desde la parte superior. Es importante no dejar que los reactivos se separen.
Este proceso de agitación debe durar como mínimo 45 minutos, no hay un tiempo máximo para el paso de la agitación.

La agitación debe realizarse a unos 50 °C de temperatura para acelerar la reacción sin llegar a evaporar el metanol.

Luego de agitar la mezcla es necesario, y sin dejar que se separe, pasarla a un tanque de decantación donde podremos separar (ahora sí) las dos fases formadas.

## Separación de glicerol

Dejaremos reposar la mezcla traída desde el reactor, después de 2 horas obtendremos dos fases, la inferior es de glicerol mientras que la superior será de biodiesel.
Separaremos la fase más pesada (la inferior, de glicerol) para poder "desplazar a la derecha" nuestra reacción.

## 2ª reacción de transesterificación

Una vez separado el glicerol, volvemos a llenar el reactor con el biodiesel y agregamos más metanol y catalizador para continuar la reacción.
Mantenemos la agitación a una temperatura de 50 ºC durante otros 45 minutos y pasamos la mezcla nuevamente al decantador.

## Separación del glicerol

Esta vez obtendremos menos glicerol que la vez anterior así que para asegurarnos que eliminamos la mayor cantidad, dejaremos la mezcla decantar durante 24 horas como mínimo.
La mezcla se enfriará y al estar ya a temperatura ambiente no tendremos corrientes térmicas en el interior del decantador. Esto ayudará a que las pequeñas gotas que van formándose lleguen al fondo más rápidamente.

Al separar posteriormente la fase más pesada eliminamos prácticamente todo el glicerol formado que no esté disuelto en el biodiesel.

Para deshacernos del glicerol, metanol y metóxido que están disueltos en el biodiesel debemos lavar con agua.

## Lavado

Una de las características comunes que tienen el glicerol, el metanol y el metóxido de sodio es que son más solubles en agua que en biodiesel.

Si tienes una o varias impurezas disueltas en un líquido (en nuestro caso biodiesel), es posible que las puedas retirar si consigues que se disuelvan en otro líquido por el que tengan mayor afinidad. En nuestro caso es el agua.

Es conveniente que antes de hacer el lavado, lo hagas con una pequeña cantidad de biodiesel que tomaste del decantador. Si esa pequeña muestra te da problemas, también lo hará el biodiesel del decantador. Pueden crearse emulsiones muy difíciles de romper en algunos casos y que pueden fastidiarte todo el proceso.

Una vez hecha la prueba a pequeña escala, lo que haremos será agregar en nuestro decantador una cantidad determinada de agua y agitar durante 10 minutos para que la transferencia de esas impurezas sea más rápida y dejaremos reposar 2 horas.

El agua se va hacia abajo, con un color blanquecino. Entonces retiramos la fase inferior del decantador.

Repetimos la operación tres veces. El agua saldrá cada vez más cristalina.

¡CUIDADO! EL AGUA YA NO SERÁ APTA PARA CONSUMO, DESHAZTE DE ELLA LO ANTES POSIBLE.

RECUERDA: Es posible que se te forme jabón, por la presencia de ácidos grasos (ácidos grasos + sodio + agua = jabón). Si se forma jabón es síntoma de que el aceite estaba muy dañado o que te has pasado con el NaOH, pocas veces me he encontrado con este problema, pero si es tu caso tienes un problema.

Para aceites con una acidez alta, es decir con una cantidad importante de ácidos grasos libres, utilizaremos otro método que veremos después.


## Secado

Ya tenemos el biodiesel sin metanol y sin metóxido de sodio, pero con agua. Así que habrá que secarlo.
El método más sencillo es calentar el biodiesel e ir agitando, al agitar el agua se evapora con más facilidad pero nos arriesgamos a dañar el biocombustible. Olvídate de este método.

Otro de los métodos que verás en internet es el de pasar aire en forma de burbujas desde el fondo del decantador, de esta forma las burbujas del aire irán asimilando el agua disuelta en el biodiesel y se llevarán la humedad fuera del líquido.

Este proceso es bastante lento ya que la capacidad de las burbujas de retener humedad no es muy grande, calcula que tendrás que hacerlo durante un mínimo de 48 horas. Además favoreces la oxidación del biocombustible así que tampoco lo usaremos.

Lo que haremos es usar un fenómeno llamado adsorción (no lo confundas con absorción) por el que las impurezas se quedan "pegadas" a un soporte, habitualmente poroso, que luego es posible que te sirva como combustible.

Algunos productores de biodiesel casero utilizan como relleno en columnas de adsorción virutas de roble con bastante éxito. Puedes usar esas virutas o productos comerciales que además incluyen algún material adicional que ayuda a conseguir una mejor retención de las impurezas.

Se trata de una columna rellena del material adsorbente por donde pasa el biodiesel húmedo, la velocidad de paso determina la cantidad de agua retenida. Cuanto más lento mejor.

Una vez está seco el biodiesel pasa de turbio a transparente con un ligero color amarillo.

## Filtrado de biodiesel

Por último y aunque hemos filtrado el aceite antes de empezar a trabajar con él, necesitamos filtrarlo otra vez para sacar las partículas más pequeñas que no eran dañinas para nuestro proceso pero que sí lo son para el motor del coche. Yo suelo usar un filtro de 5 micras.

En serie con el filtro de 5 micras también es recomendable usar un filtro de gasóleo como el que tiene el coche.

Conozco gente que estos filtros los instala en el coche de tal manera que además de filtrar las partículas que llegan al biodiesel desde el aceite, también filtran las partículas que se encuentran dentro del circuito de alimentación del coche y que, debido a que el biodiesel es más solvente que el gasóleo, se despegan y pueden llegar a los inyectores y dañarlos.

Este sistema lo vi funcionar con éxito en un motor TDI, estos motores son más sensibles a las impurezas del combustible. La única desventaja es que se fuerza a la bomba de combustible a vencer la pérdida de carga del filtro adicional y posiblemente acorte su vida útil.

# Construcción del equipo

Como has visto, el tema se va complicando pero todavía podemos manejarlo. En las próximas páginas verás cómo construir un reactor para fabricar lotes de 100 litros de biodiesel. Dejaremos el biocombustible listo para usar en nuestro coche, mezclado con gasóleo o puro.

Para construir nuestro equipo y que esté listo para producir biodiesel necesitaremos dimensionar y definir cada uno de los depósitos y reactores que utilizaremos.

Puedes encontrar un listado de proveedores para estos materiales en http://www.biodieselcasero.com

El equipo que aquí te presento está pensado para trabajar sin tener que tocar los reactivos ni los productos de la reacción. La calefacción del reactor puede ser a partir de resistencias eléctricas o con un circuito cerrado por el que circula un líquido caliente, tal como funcionan las calderas que calientan algunas casas.

Te recomiendo la ayuda de un profesional, sobre todo en lo que respecta al conexionado eléctrico. TODOS los depósitos y materiales que lleven alimentación eléctrica deben estar protegidos con una toma a tierra y llaves de corte diferencial y térmico. Estamos trabajando con líquidos inflamables, no queremos que nadie se electrocute o que por culpa de alguna chispa arda todo el equipo.

En la medida de lo posible usa material preparado para trabajar en atmósferas explosivas, evitarás muchos disgustos.

El reactor es cerrado y tiene una válvula de venteo, no cargues el reactor con esa válvula cerrada ya que estarías aumentando la presión en el interior y esto puede desembocar en una explosión. Lo mismo se aplica al proceso de descarga del reactor, formarías vacío y dañarías el sistema.

A continuación te presento un esquema del conexionado de los distintos elementos de nuestro equipo de fabricación de biodiesel y como ves está pensado para trabajar con una única bomba. Abriendo y cerrando las distintas llaves de paso podrás dirigir los fluidos a donde quieras.

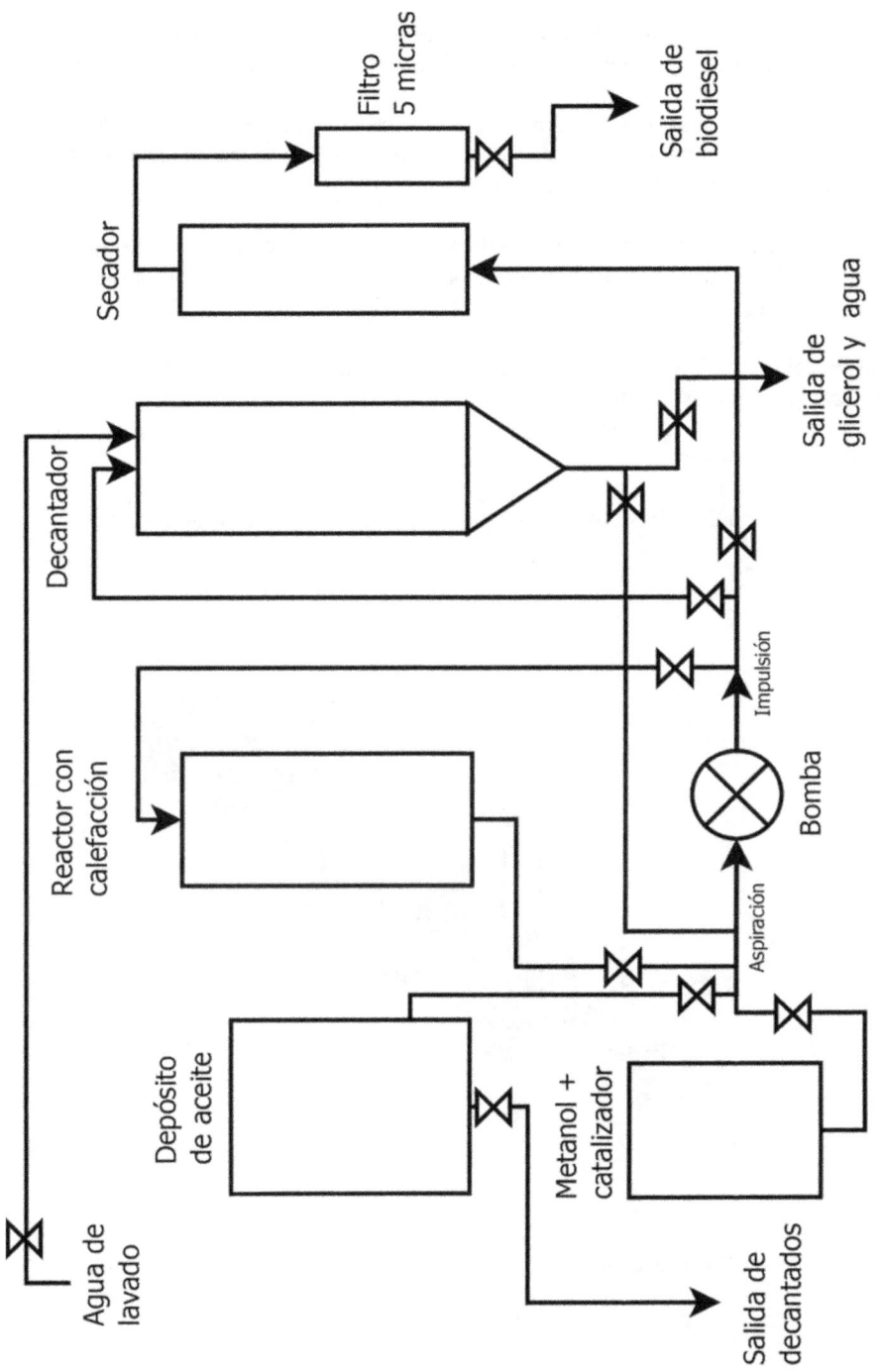

Filtro
5 micras

Salida de
biodiesel

Secador

Decantador

Reactor con
calefacción

Salida de
glicerol y agua

Impulsión

Bomba

Aspiración

Depósito
de aceite

Agua de
lavado

Metanol +
catalizador

Salida de
decantados

# Bomba y módulo de conexión

Usaremos una bomba para mover los distintos líquidos hacia dentro o fuera del reactor, esta deberá ser auto aspirante y de acero inoxidable para soportar mejor la corrosión.
En lo posible también deberá estar preparada para trabajar en atmósferas explosivas y, al igual que el resto del material que sigue, estar conectada a tierra y protegida con llaves de corte diferencial y térmico.

La bomba estará conectada a lo que llamaremos módulo de conexión, que son una serie de llaves unidas a una tubería, preferentemente de acero inoxidable o de polipropileno.

Hay en el mercado tuberías de polipropileno (PP) con interior de fibra de vidrio, se utilizan para agua caliente y se sueldan por calor. Son una alternativa muy buena a los tubos de acero inoxidable ya que su precio es inferior. Habitualmente son de color verde y tienen unas líneas longitudinales en otro color.

En el diagrama 2 podrás observar cómo se configura el módulo de conexión.

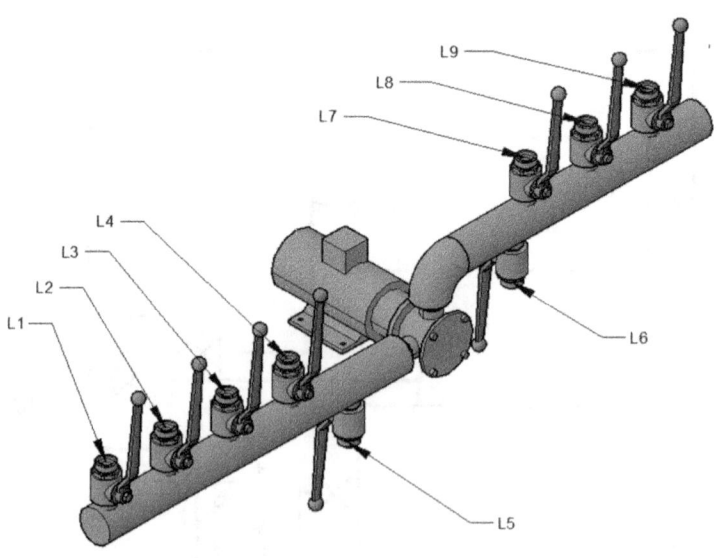

Diagrama 2 – Módulo de conexión.

# Tanques de almacenamiento y decantación de aceite

Nuestro tanque de almacenamiento tendrá como mínimo 200 litros de capacidad, de esta manera tendremos aceite para un par de lotes. La recogida del aceite suele ser lo más complicado y por tanto uno de los procesos más lentos.

El material con el que esté fabricado el depósito de aceite puede ser polipropileno, polietileno, acero o acero inoxidable. Aquí no tendremos problemas de corrosión.

La entrada del aceite al tanque se hará por la parte superior, donde podremos colocar un filtro para separar las partículas más grandes. La salida del aceite se hará por una llave colocada en una de las paredes del tanque, unos centímetros por encima del fondo de tal manera que al abrirla el caudal saliente no arrastre partículas sólidas.

Es recomendable hacer unas marcas dentro del tanque o, mejor aún, en un tubo transparente de forma de poder saber cuántos litros de aceite estamos cargando. Hay que medir con cierta precisión la cantidad de reactivos que introducimos al reactor.

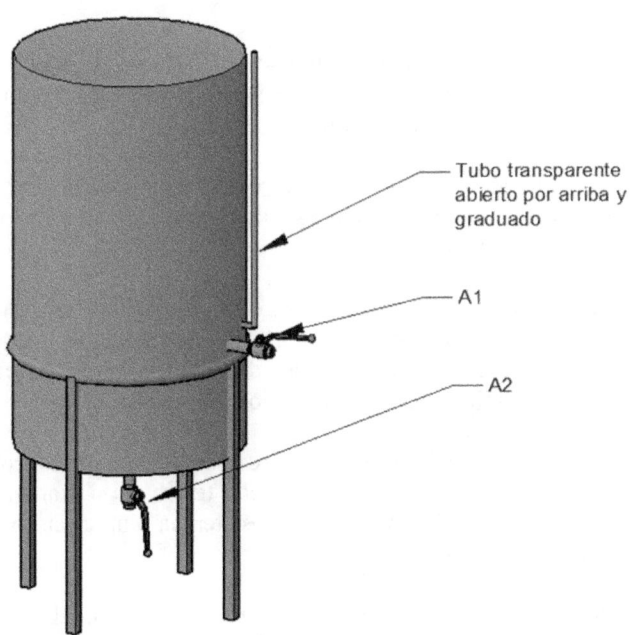

Diagrama 3 – Tanque de almacenamiento del aceite.

# Entrada de metóxido y metanol

La entrada del metóxido y del metanol la haremos desde un bidón de 20 litros, son fáciles de manejar y probablemente será el envase en el que te lo venderán.
Asegúrate de que no haya fuentes de calor cerca, NO FUMES ni hagas chispas cerca del metanol, es fácilmente inflamable.

Agrega al bidón de 20 litros los gramos de NaOH necesarios, agítalo para que se disuelva el catalizador y estará listo para ser usado. Es muy importante que todo el hidróxido de sodio (NaOH) esté disuelto, no comiences hasta que esto ocurra.

A la llave L4 del módulo de conexiones adaptaremos una manguera flexible de silicona cuyo extremo libre sumergiremos en el bidón.


# Reactor con calefacción

El reactor tendrá una capacidad de unos 180 a 200 litros, estará fabricado en acero inoxidable y no es imprescindible que tenga fondo cónico. Si lo tiene tampoco habría problema.

Aquí dentro ocurrirá la reacción de transesterificación, y para ello debemos calentar la mezcla por medio de una resistencia eléctrica o, mejor aún, la circulación de algún otro líquido caliente.

En el diagrama 4 tienes un esquema del reactor con calefacción eléctrica (la resistencia no se ve), aunque también es posible montar el mismo reactor con calefacción por recirculación.

Presta especial atención a la válvula denominada R4, te servirá para cerrar herméticamente el reactor, evitar la evaporación del metanol y su consiguiente salida a la atmósfera. Tanto en los procesos de carga y descarga del reactor esta llave debe permanecer abierta para evitar explosiones o implosiones.

Para acoplar una resistencia eléctrica al reactor lo mejor es roscarla, evita pegamentos y otros inventos raros. Roscada con teflón es la manera más segura. Debes montar la fuente de calor, ya sea una resistencia o un circuito calefactor, lo más cerca posible del fondo del reactor.

Existen en el mercado algunos modelos de reactor que realizan el calentamiento de la mezcla reaccionante mientras pasa por la tubería que sube hacia la parte superior del reactor. En nuestro caso se calentaría el tubo denominado R3. Calentar el paso del líquido no es mala idea, así funcionan algunos calentadores en el hogar.

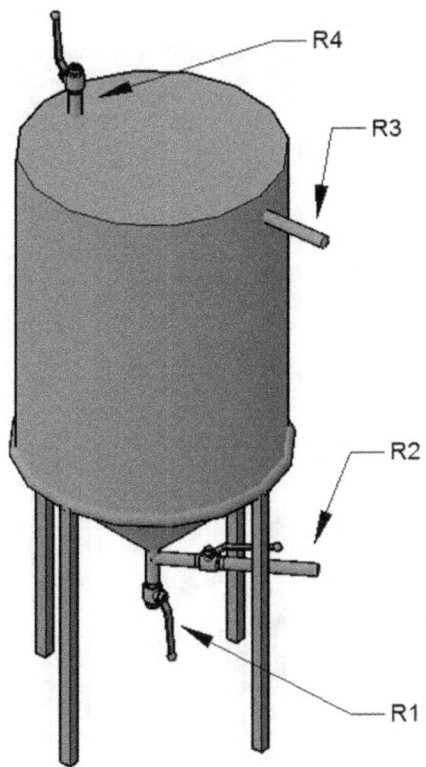

Diagrama 4 – Reactor con calefacción eléctrica.

Deberás también adaptarle un termómetro para saber la temperatura del interior, la fuente de calor debe estar conectada a un termostato de forma de no sobrepasar la temperatura de trabajo. Tampoco estaría de más un manómetro para no tener problemas de sobrepresión.

## Decantador de glicerol

El decantador de glicerol debe ser eso, un decantador y por tanto tener un fondo cónico. Debe estar fabricado en acero inoxidable, polipropileno o polietileno rotomoldeado y debe ser abierto por arriba ya que luego colocaremos la ducha de lavado.

El conexionado con el módulo principal puede verse en el diagrama 5.

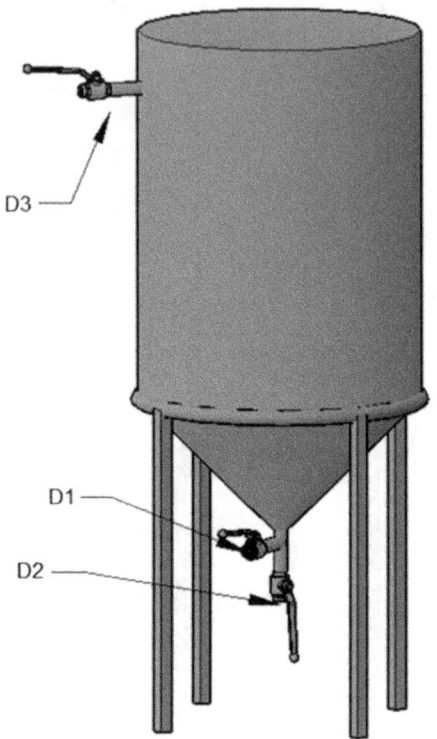

Diagrama 5 – Tanque de decantación.

## Ducha lavadora

La ducha lavadora no tiene mucho misterio, es una ducha muy parecida a las de casa a la que se ha acoplado un caudalímetro para saber en todo momento cuantos litros de agua hemos agregado. Esta ducha va conectada a una toma de agua corriente y debe montarse encima del decantador.

La necesidad del caudalímetro es debida a que no se puede obtener una lluvia homogénea a partir de bidones o recipientes de medida. Los caudalímetros son instrumentos bastante conocidos en el sector de la fontanería y no te debería ser muy complicado conseguirlos.

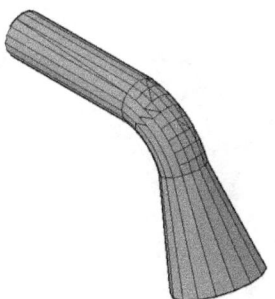

Diagrama 6 – Ducha para lavado del biodiesel.

## Columna de adsorción

La columna de adsorción es un tubo fabricado de un material plástico (polipropileno o polietileno) o metálico, roscado en sus extremos y con sendas tapas. De aproximadamente 1,5 m de largo y 16 cm de diámetro.

Para que el material adsorbente no salga junto con el biodiesel, estas tapas poseen un  filtro que no permite que las partículas internas de la columna sean arrastradas hacia afuera.

El tubo debe ubicarse en posición vertical, y el combustible debe atravesarlo desde abajo hacia arriba, a velocidad lenta.

El material con el que llenar la columna está disponible comercialmente bajo la denominación de "Dry wash purification media", aunque algunos fabricantes caseros usan virutas de roble con bastante éxito. El rendimiento de estos materiales es bastante alto y prácticamente no afecta al coste final del producto.

El relleno de la columna puede usarse varias veces, según las indicaciones del fabricante. Una vez completada su vida útil, estará contaminada con metanol, agua y glicerol.

Hay gente que utiliza estas virutas para hacerlas arder en una chimenea, si haces esto asegúrate de usarlas como combustible una vez que la chimenea está caliente ya que si el glicerol no se quema a altas temperaturas pueden generarse gases cancerígenos y tóxicos.

En el siguiente diagrama podrás ver una columna de adsorción estándar. En caso de ser necesario pueden acoplarse con otras en serie o en paralelo.

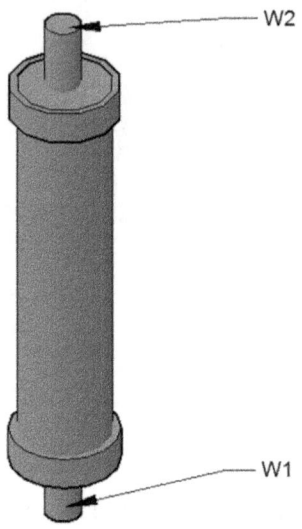

W2

W1

Diagrama 7. Columna de adsorción.

## Filtro de micropartículas

Simplemente usa un filtro idéntico al que tienes montado en el coche, la idea es que si el combustible que hemos fabricado tiene alguna partícula que pueda dañar el motor, ésta se quede aquí. Si pasa el filtro muy probablemente no hará daños en el motor.

Monta el filtro en un soporte adecuado y con ayuda de la bomba haz pasar el biodiesel por él. Llamaremos a la conexión de entrada F1 y a la de salida, F2.

## Almacenamiento del biodiesel

Lo mejor para almacenar el biodiesel son bidones de 20 o 25 litros, te permitirán manipularlo con cierta facilidad y en caso de que por algún motivo el biocombustible se dañe, esto no afectará al resto.
Los bidones pueden ser preferentemente de plástico (polietileno o polipropileno) o en su defecto metálicos. Los mismos que se usan para almacenar gasolina pueden usarse para almacenar biodiesel.

Los bidones no deben tener agua ni suciedad, porque es posible que esa suciedad termine en el motor y lo dañe. Piensa también que pueden ser foco de contaminación bacteriana y no queremos bichos dentro del motor.

## Conexión de los distintos módulos

En la siguiente tabla están relacionadas las tomas de los módulos.

| Toma | Conecta con | Uso |
|------|-------------|-----|
| L1 | R2 | Recirculación del reactor (aspiración) |
| L2 | A1 | Entrada de aceite |
| L3 | D1 | Entrada desde el decantador |
| L4 | | Entrada con manguera de metanol |
| L5 | | Válvula de vaciado del módulo |
| L6 | | Válvula de vaciado del módulo |
| L7 | W1 | Salida hacia columna de adsorción |
| L8 | D3 | Salida hacia decantador |
| L9 | R3 | Recirculación del reactor (impulsión) |
| A1 | L2 | Salida de aceite |
| A2 | | Vaciado del tanque |
| R1 | | Vaciado del reactor |
| R2 | L1 | Recirculación del reactor (aspiración) |
| R3 | L9 | Recirculación del reactor (impulsión) |
| R4 | | Válvula de descompresión |
| D1 | L3 | Salida hacia módulo de conexiones |
| D2 | | Vaciado del decantador |
| D3 | L8 | Entrada desde módulo de conexiones |
| W1 | L7 | Entrada al módulo de secado |
| W2 | F1 | Salida a filtro de micropartículas |
| F1 | W2 | Entrada desde columna de adsorción |
| F2 | | Salida de biodiesel |

# Instrucciones de uso del reactor

Ahora que has montado el reactor siguiendo los esquemas del capítulo anterior, habrá que hacerlo funcionar.

ANTES DE COMENZAR CIERRA TODAS LAS LLAVES DEL EQUIPO

Materiales necesarios para fabricar 100 litros de biodiesel:

- 100 litros de aceite vegetal.
- 20 litros de metanol puro.
- 500 gramos de hidróxido de sodio >98%.
- Nuestro reactor.
- Algunos recipientes.

## Filtrado y decantado de aceite

Pasa el aceite por un colador o malla metálica para eliminar las impurezas más grandes y luego déjalo durante un mínimo de 48 a 72 horas en el tanque de almacenamiento para que decanten las partículas sólidas.

El aceite decantado ahora debe entrar en el reactor, para eso abre las llaves A1, L2, L9, R4 y enciende la bomba del módulo de conexiones (M1). Puedes ver cuantos litros entran al reactor a través del tubo graduado. Para la bomba cuando hayan entrado 100 litros.

Cierra todas las llaves otra vez, más tarde verás que no es necesario cerrarlas todas, pero para evitar errores lo haremos así.

## Fabricación del catalizador

24 horas antes de empezar, a un bidón con 20 litros de metanol habrás agregado 500 gr de NaOH y lo habrás dejado disolver. Agitando de vez en cuando para acelerar el proceso. NO COMIENCES SI EL NaOH NO ESTÁ DISUELTO COMPLETAMENTE.

Una vez que está el NaOH disuelto, separa 5 litros en otro recipiente para usar en la segunda etapa de la transesterificación.

En la posición L4 tienes una manguera que te ayudará a vaciar el bidón.

Para eso tienes que abrir las llaves L1, R2, L9 y R4. Luego encender el motor. En este momento estarás recirculando el contenido del reactor. Abre ligeramente L4 y comenzará a bajar el nivel de la mezcla metanol/metóxido. Una vez que se hayan vaciado los 15 litros cierra L4.

## Primera reacción de transesterificación

Ya tienes recirculando el aceite y el metanol, ahora puedes encender el sistema de calefacción del reactor (ya sea una resistencia u otro sistema). Controla con el termómetro que la temperatura no suba de 55 °C. Puedes cerrar R4 para evitar que los vapores de metanol que puedan producirse se escapen de la reacción pero ESTO PUEDE GENERAR UNA SOBREPRESION DEL REACTOR, utiliza un manómetro si vas a hacer esto y no sobrecargues el reactor más allá del límite establecido por el fabricante.

Una vez que la temperatura llega a los 55 °C apaga la calefacción y deja reaccionar recirculando unos 45 minutos. Pasado este tiempo apaga el motor y cierra todas las llaves.

## Primera decantación

Es momento de decantar el glicerol para poder avanzar en la reacción, para eso abre R2, R4, L1, L8, D3 y enciende el motor M1. Cuando el reactor se vacíe apaga la bomba y cierra todas las llaves.

Deja decantar 2 horas y desecha la capa inferior (el glicerol) por medio de D2, cuando veas que sale biodiesel vuelve a cerrar D2.

Una vez separado el glicerol debes volver a enviar el biodiesel al reactor abriendo D1, L3, L9, R4 y encendiendo el motor M1. Como siempre, el resto de llaves deben estar cerradas.

## Segunda reacción de transesterificación

Una vez que el biodiesel decantado ha entrado en el reactor se para el motor, se cierran todas las llaves y se procede de la misma manera que en la primera reacción. Esto es:

Abre las llaves L1, R2, L9 y R4. Luego enciende el motor. En este momento estarás recirculando el contenido del reactor. Abre ligeramente L4 para aspirar los últimos 5 litros de la mezcla metanol/metóxido. Una vez que se hayan vaciado los 5 litros restantes cierra L4.

Enciende la calefacción y deja recircular durante 45 minutos.
Una vez transcurrido el tiempo necesario para la segunda reacción, apaga la bomba, cierra todas las llaves y pasa la mezcla al decantador nuevamente.

## Segunda decantación

Abre R2, R4, L1, L8, D3 y enciende el motor M1. Cuando el reactor se vacíe apaga la bomba y cierra todas las llaves.

Deja decantar 2 horas y desecha la capa inferior (el glicerol) por medio de D2.

Una vez separado el glicerol debes lavar el biodiesel.

## Lavado

Lavarás con agua, hasta este punto la presencia de agua era fatal. Pero ahora si todo ha salido bien no tendrás que tener ningún problema.

En este punto te darás cuenta si tu reacción salió bien o no. Para que no eches a perder todo lo hecho hasta ahora es recomendable que hagas este paso a pequeña escala primero. No laves si el biodiesel no pasa el test 27/3 que te comentaré unas páginas más adelante.

Utilizando la ducha con caudalímetro deja caer una lluvia de 30 litros de agua (lo más fina posible) sobre el combustible. Como el agua se irá al fondo, deberás agitar con la bomba M1. Para esto, con todas las llaves cerradas, abre D1, D3, L8 y L3. Luego enciende M1.

Agita unos 10 minutos, apaga M1, cierra las llaves y deja reposar. Descarta el agua de lavado, que te saldrá bastante turbia y blanca, por medio de D2.

Repite esto tres veces o más hasta que veas que el agua sale clara, es muy importante que el agua salga transparente y con pH cercano a 7 (más adelante comprenderás que es el pH). Hay pHmetros disponibles en el mercado por muy bajo precio que puedes usar para hacer esta medida.

## Secado

Con el lavado ya te has deshecho de muchas impurezas, pero todavía tienes una muy importante: agua.

Secarás el biodiesel haciéndolo pasar por la columna de adsorción. Para esto, con todas las llaves cerradas, abre D1, L3 y L7 para luego encender M1.

Es posible que la bomba M1 tenga demasiada potencia y el biodiesel salga de la columna tan rápido que no llegue a secarse. Si esto es así tal vez debas hacer pasar el combustible directamente desde el decantador utilizando únicamente la gravedad.
También puedes hacer más larga la columna, o poner dos en serie, para que el tiempo de contacto del líquido con el relleno de la columna sea mayor.

Posteriormente pasará por el filtro de micropartículas y estará listo para ser usado. Revisa el filtro periódicamente en busca de agua o bacterias, te pueden dañar todo el trabajo a último momento.

El biodiesel que salga de aquí debe ser cristalino, coloreado pero sin ninguna turbidez.


## Envasado

El biodiesel como todo producto orgánico, es sensible al ataque de bacterias. Combatirlas no está entre las prioridades de este libro, así que lo que te recomiendo es que pongas tu combustible en bidones de 25 litros firmemente cerrados y los consumas en un plazo de 6 meses. No los dejes al sol ni expuestos a temperaturas extremas.

De más está decir que los bidones tienen que estar limpios y secos, si antes estuvieron llenos con biodiesel no hay problema en que los uses. Pero evita a toda costa el agua.

# Otras cosas que deberías saber

## Valoración

Existe algo que se llama pH, es la medida de la acidez, técnicamente es igual a

$$pH = -\log([H^+])$$

Donde $[H^+]$ es la concentración en moles por litro de los iones hidrógeno. Todos los valores menores que 7 corresponden a medios ácidos y los mayores que 7 a medios básicos o alcalinos. El valor de pH 7 corresponde al del agua pura y se considera neutro.

Cuando el aceite de cocina se calienta, en presencia de agua (la de los alimentos) ocurre un proceso de hidrólisis que genera ácidos grasos libres. Es la reacción inversa de la esterificación.

Aceite (ésteres de ácidos grasos y glicerol)          Agua          Diéster          Ácido graso libre

El ácido graso libre se disocia en:

$$R\text{-}CCOH \rightarrow R\text{-}COO^- + H^+$$

El pH nos dará una medida de la cantidad de ácidos grasos libres en el aceite.

Esos ácidos grasos libres forman jabones cuando reaccionan con el sodio del catalizador y el agua que se forma al disolver NaOH en metanol. Entonces tendremos dos problemas: jabón en la mezcla que es difícil de separar y menor cantidad de catalizador, que hará más lenta la reacción.

# Calcular la cantidad de catalizador

La cantidad de ácidos grasos libres presentes dependerá del aceite (que puede contenerlos ya antes de ser usado) y del uso que se le ha dado a ese aceite, por tanto no podemos prever la cantidad de catalizador que tendremos disponible para la reacción.

Es necesario valorar el aceite, que no es ni más ni menos que medir la acidez de ese aceite. Una vez que sepamos cuanto ácido graso libre hay podremos compensar esa pérdida de catalizador.

El procedimiento de valoración es el siguiente, y necesitaremos:

-   10 ml de aceite.
-   Fenolftaleína al 2%.
-   Una solución al 0,1% de NaOH en agua.

Lo primero que haremos es preparar una solución 0,1% de NaOH. Debemos pesar 10 gramos de NaOH seco (el más puro que encontremos) y disolverlo en 1 litro de agua destilada.

Una vez disuelto, tomamos 100 ml de esa mezcla y los diluimos en un nuevo recipiente con 900 ml de agua destilada. Ya tenemos 1000 ml de solución patrón. La llamaremos solución A.

Ahora prepararemos el aceite, para eso medimos 10 ml de aceite y lo mezclamos en un vaso de vidrio transparente con 100 ml de alcohol isopropílico y dos gotas de fenolftaleína. Agita bien para que se mezclen.

Ahora agrega con una bureta, o simplemente con una jeringa graduada, gota a gota la solución A. Agita constantemente y sigue agregando gotas de la solución A hasta que la mezcla de aceite cambie de color (a rosa). Aquí debes parar. Sigue agitando hasta que cambie de color nuevamente y vuelve a agregar solución A.

Debes hacer esto hasta que ya no vuelva al color original. Anota cuantos mililitros de solución A gastaste cuando ocurra.

Para calcular la cantidad de NaOH que debes agregar a la reacción utiliza la siguiente fórmula:

$$C = \left( \frac{ml\ valoración}{10} + 5 \right) * [Litros\ de\ aceite]$$

C es la cantidad en gramos de NaOH que debes disolver en el metanol.

*En las reacciones que vimos a lo largo del libro considerábamos que la cantidad de ácidos grasos libres era 0, por lo tanto la cantidad de gramos de NaOH que agregábamos a 100 litros de aceite era 500 g. (5 g/l \* 100 l)*

## Proceso de esterificación en medio ácido

Cuando la cantidad de ácidos grasos libres es muy alta el peligro de formar emulsiones también lo es. El "truco" de agregar más catalizador no sirve en estos casos porque estamos agregando también más agua y por tanto favoreciendo la emulsión.

Lo que hay que hacer es convertir en biodiesel esos ácidos grasos libres con una reacción de esterificación en medio ácido.

NO USES ESTE PROCEDIMIENTO SALVO QUE SEA ESTRICTAMENTE NECESARIO Y HASTA QUE NO TENGAS DOMINADO TODO LO ANTERIOR. SI AUN QUIERES HACERLO, COMIENZA CON CANTIDADES PEQUEÑAS.

Para esterificar los ácidos grasos libres del aceite necesitaremos:

- 1 litro de aceite.
- 1 ml de ácido sulfúrico 98%.
- 100 mililitros de metanol.

Calienta el aceite a 35°C, una vez hecho esto mezcla el aceite y el metanol con agitación constante, luego y sin dejar de agitar MUY lentamente agrega el ácido sulfúrico. Mantén la agitación durante 2 horas.

CUIDADO CON LAS SALPICADURAS YA QUE LA MEZCLA SE CALIENTA VIOLENTAMENTE

Toma una muestra y haz una valoración, el resultado debería ser inferior o igual a 4 ml de solución NaOH 0,1%. Si no es así, sigue agitando hasta que llegue a ese valor.

Utilizando la medida de la última valoración, corrige la cantidad de catalizador y comienza la transesterificación en dos etapas como hasta ahora.
Finalmente obtendrás más biodiesel que antes, pero también más agua. Salvo que tu aceite sea muy malo, no necesitarás usar este procedimiento pero está bien que sepas que existe.

# Controles de calidad

Los controles de calidad son imprescindibles para juzgar si el proceso ha salido bien y para asegurarte de que no te quedarás con el coche parado en el medio de la carretera.

Existe una norma en Europa para valorar si un biodiesel es apto para ser usado con seguridad en los automóviles, es la UNE 14214. En EE.UU. utilizan la D6751-02.

Lamentablemente los ensayos especificados allí requieren de un equipamiento que no tendrás en casa así que tendremos que asegurar nuestra calidad de una manera un poco más artesanal.

En cualquier caso, si alguno de estos ensayos da resultados negativos no es recomendable que uses ese combustible.

## Agua en aceite

Con este procedimiento podrás averiguar si tu aceite tiene agua, y en qué cantidad.

Necesitarás:

- Una balanza digital (lo más exacta posible).
- Un termómetro capaz de medir hasta 180 °C.
- Un recipiente metálico.
- Una fuente de calor.

Pesa 1.000 g de aceite en un recipiente metálico, caliéntalo a 120°C durante una hora removiendo si es posible.
Pasado ese tiempo, con cuidado, vuelve a pesar.

La diferencia en el peso te dará la cantidad de agua presente según la fórmula:

$$\%_{de\ agua} = \frac{P_{inicial} - P_{final}}{10}$$

No deberías pasar del 1 %

## Ensayo de lavado

Este test te dirá si tienes jabón en el biodiesel, si es así es muy probable que luego tengas problemas en el motor. La presencia de jabón en el biodiesel es indicio de presencia de agua, de una reacción incompleta y posiblemente de una medición errónea del catalizador.

Necesitarás:

- Un recipiente con tapa.
- 150 ml de agua destilada.
- 150 ml de biodiesel sin lavar y sin glicerol.

Llena un recipiente con el biodiesel y luego agrega el agua destilada. Tapa y agita vigorosamente por 10 segundos, deja reposar.

Luego de 30 minutos, tendrías que ver dos capas bien diferenciadas. Si no es así, probablemente tu aceite tenía agua, muchos ácidos grasos libres o la reacción fue incompleta.


## Ensayo 27/3

Este ensayo te dirá si la reacción de transesterificación se realizó completamente o si por el contrario queda aceite por reaccionar. Este ensayo debe hacerse antes de lavar.

Necesitarás:

- Un recipiente con tapa.
- 27 ml de metanol.
- 3 ml de biodiesel lavado y secado.

Llena un recipiente con 3 ml de biodiesel y agrega 27 ml de metanol. Tapa y agita vigorosamente durante 10 segundos.
Si el biodiesel se disuelve completamente en el metanol has tenido una reacción completa, si por el contrario quedan gotas en el fondo la reacción ha sido incompleta.

Las gotas del fondo son de aceite, que es insoluble en metanol. Si tienes aceite es que la reacción no se ha llevado a cabo completamente. No uses este combustible, llévalo al reactor y vuelve a hacer la transesterificación.

# Obtener aceite

Tus fuentes de aceite serán tu bien más preciado, actualmente no es nada fácil obtener aceite de cocina usado porque hay muchas empresas que se dedican a recogerlo en bares y restaurantes para venderlo a grandes fábricas de biodiesel. Pero todavía hay esperanza, recuerda que tus necesidades de aceite no son tan grandes y con ayuda de un poco de ingenio podrás conseguirlo.

Algunas ideas:

- Familiares y conocidos: Tus vecinos y familiares seguramente estén guardando su aceite usado para llevarlo al contenedor correspondiente, evítales un problema recogiéndolo por ellos. Cuando se enteren que lo quieres para una eco-causa te ayudarán sin ningún problema.

- Bares y restaurantes: Aunque muchos son reacios a "regalarte" su aceite usado, siempre habrá alguno que lo haga. No te desanimes y sigue entrando en cada bar que encuentres.

- El campo: El aceite proviene del campo, es posible que puedas ponerte de acuerdo con el dueño de algún campo de girasol, olivos u otro cultivo para que, a cambio de biodiesel, te deje algunos litros de su aceite. Los productores de aceite por motivos de calidad deben desechar muchas veces litros de aceite que a ti pueden servirte.

- Algas: Actualmente se está investigando sobre obtener triglicéridos a partir de algas. La idea es más o menos simple, cultivas determinada especie de algas y luego la prensas para obtener los triglicéridos de su interior para usarlos en lugar del aceite en el proceso estándar de fabricación de biodiesel. Si tienes tiempo y ganas de investigar éste es el futuro ya que se obtienen unos rendimientos muy altos.

- Hazlo tú mismo: si tienes un terreno abandonado puedes hacer crecer tu propia materia prima para luego prensarla y obtener el tan preciado aceite. Según el clima en el que te encuentres podrás plantar girasol, soja o si tu entorno es muy hostil puedes plantearte utilizar Jatropha Curcas, una planta que realmente crece en cualquier entorno y está siendo utilizada cada vez más para producir materia prima. El rendimiento teórico de la Jatropha es de unos 1800 litros de aceite por hectárea.

# Como usar el biodiesel

Ya tenemos el biodiesel preparado y es momento de hacer funcionar el coche con él. Debes tener en cuenta que no todos los coches están preparados para funcionar con un combustible distinto al gasóleo.

Algunos puntos que debes controlar:

- El biodiesel puede contaminar el aceite del motor, algunos fabricantes de coches recomiendan cambiar el aceite más frecuentemente para evitar este inconveniente.
- El biodiesel no se puede usar en motores que realicen una post-inyección destinada a limpiar el filtro de partículas.
- Es posible que ciertos tubos comiencen a "sudar" o directamente se rompan, debes cambiarlos por tubos de materiales resistentes al biodiesel.
- Dentro del depósito muchos coches llevan una bomba adicional para enviar el combustible al motor, verifica que funciona correctamente y que sus piezas no están dañadas.
- Debes cambiar el filtro de gasóleo, durante los primeros km con biodiesel los depósitos de suciedad que deja el diesel fósil se despegan y terminan en el filtro.
- Controla que la bomba de combustible no tenga pérdidas.
- El biodiesel se pone muy denso con el frío, no uses biodiesel al 100% por debajo de 20 ºC, si lo usas en temperaturas más bajas es mejor que lo mezcles con gasóleo si no quieres dañar el motor. No pases del 50%.

Tienes que saber que el paso de gasóleo a biodiesel debe ser gradual para no tener problemas.

Suelo recomendar a los nuevos usuarios que comiencen mezclando el biodiesel con gasóleo normal en proporciones crecientes. Por ejemplo: 10% de biodiesel y 90% de gasóleo el primer depósito, 20% de biodiesel el segundo y así hasta llegar al 100%

En http://www.biodieselcasero.com tenemos algunos artículos adicionales que pueden ayudarte, léelos antes de comenzar.

# Hojas de seguridad

## Metanol

**FÓRMULA** CH$_3$OH
**PESO MOLECULAR** 32.04 g/mol
**COMPOSICIÓN** C: 37.48 %, H: 12.58 % y O: 49.93 %
**SINÓNIMOS** Alcohol metílico, hidrato de metilo, hidróxido de metilo, metilol, carbinol, alcohol de madera

### RESUMEN DE LOS RIESGOS

- El metanol puede afectarle al respirarlo y cuando pasa a través de su piel.
- El metanol es un teratógeno. Trátese a esta sustancia con mucho cuidado.
- El metanol puede irritar los ojos y causar visión borrosa y/o ceguera.
- Respirar el metanol puede irritar la nariz, la boca y la garganta, y causar tos y respiración con silbido.
- El contacto puede causar irritación de la piel. La exposición repetida o prolongada puede causar resecamiento y grietas en la piel.
- Es posible que el metanol cause daño al hígado.
- La exposición a concentraciones altas puede causar dolor de cabeza, náuseas, vómitos y mareo. Puede causar la muerte.
- El metanol es un líquido inflamable y presenta un peligro de incendio.

### GENERALIDADES

El metanol es un líquido incoloro, venenoso, con olor fuerte parecido al etanol y cuando está puro puede tener un olor repulsivo; arde con flama no luminosa. Es utilizado industrialmente como solvente y como materia prima en la obtención de formaldehído, metil-ter-butil éter, ésteres metílicos de ácidos orgánicos e inorgánicos. También es utilizado como anticongelante en radiadores de coches; en gasolinas y diesel; en la extracción de aceites de animales y vegetales, y agua de combustibles de automóviles y aviones; en la desnaturalización de etanol; como agente suavizante de plásticos de piroxilina, y otros polímeros; y como solvente en distintas industrias.
El metanol se obtiene por destilación destructiva de madera a altas temperaturas; por hidrogenación catalítica de CO a presión y temperatura altas, con catalizadores de cobre-óxido de cinc; por oxidación de hidrocarburos y como subproducto en la síntesis de Fischer-Tropsch.

## NÚMEROS DE IDENTIFICACIÓN

**CAS:** 67-56-1
**UN:** 1230
**NIOSH:** PC 1400000
**RCRA:** U154
**NOAA:** 3874
**STCC:** 4909230
**RTECS:** PC1400000
**HAZCHEM CODE:** 2 PE
**NFPA:** Salud: 1 Reactividad: 0 Fuego: 3
El producto está incluido en CERCLA, 313
**MARCAJE:** Líquido inflamable, venenoso.

## SINÓNIMOS EN OTROS IDIOMAS

**Inglés:** Methanol, Methyl alcohol Wood spirit, Biekeski's solution, Colonial spirit, Columbian spirit, Pyroxylic spirit, Wood naphta.
**Francés:** Alcool methylique
**Alemán:** Methylalkohol
**Italiano:** Metanolo, Alcool metilico

## PROPIEDADES QUÍMICAS

Este producto reacciona violentamente con bromo, hipoclorito de sodio, dietil-cinc, disoluciones de compuestos de alquilaluminio, trióxido de fósforo, cloruro cianúrico, ácido nítrico, peróxido de hidrógeno, sodio, ter-butóxido de potasio y perclorato de plomo. En general, es incompatible con ácidos, cloruros de ácido, anhídridos, agentes oxidantes, agentes reductores y metales alcalinos.

## PROPIEDADES FÍSICAS Y TERMODINÁMICAS

**Densidad (g/ml):** 0.81 g/ml (0/4°C), 0.7960 (15/°C), 0.7915 (20/4°C), 0.7866 (25/4°C).
**Punto de fusión:** -97.8°C.
**Punto de ebullición (°C):** 64.7 (760 mm de Hg).
**Índice de refracción a 20°C:** 1.3292
**Densidad de vapor (aire = 1):** 1.11
**Punto de inflamación (Flash point):** 12 °C.
**Punto de congelación:** -97.68 °C.
**Temperatura de ignición:** 470°C.
**Límites de explosividad (% en volumen en el aire):** 6 - 36.5
**Temperatura crítica:** 240°C.

**Presión crítica:** 78.5 atm
**Volumen crítico:** 118 ml/mol
**Temperatura de autoignición:** 380°C.
**Tensión superficial (din/cm):** 22.6
**Calor específico (J/g K):** 1.37 (vapor a 25°C) y 2.533 (líquido a 25°C).
**Presión de vapor (mm de Hg):** 127.2 (a 25°C).
**Viscosidad (cP):** 0.541 (líquido a 25°C).
**Conductividad térmica (W/m K):** 0.202 (a 25°C).

Formación de azeótropos con muchos compuestos.
**Solubilidad:** miscible con agua, etanol, éter, benceno, cetonas y muchos otros disolventes orgánicos. Disuelve una gran variedad de sales inorgánicas; por ejemplo: 43% de yoduro de sodio, 22% de cloruro de calcio, 4% de nitrato de plata, 3.2% de cloruro de amonio y 1.4% de cloruro de sodio.


## NIVELES DE TOXICIDAD

**RQ:** 5000
**IDLH:** 25000 ppm
**LDLo (oral en humanos):** 4.28 mg/kg
**LD50 (oral en ratas):** 5628 mg/kg
**LC50 (inhalado en ratas):** 64000 ppm/4h
**LD50 (en piel con conejos):** 15800 mg/kg
**Niveles de irritación a piel de conejos:** 500 mg/24 h, moderada
**Niveles de irritación a ojos de conejos:** 40 mg, moderada

**Estados Unidos:**
TLV TWA: 260 mg/m3 (200 ppm)
TLV STEL: 310 mg/m3 (250 ppm)

**Reino Unido:**
Periodos largos: 260 mg/m3 (200 ppm)
Periodos cortos: 310 mg/m3 (250 ppm)

**Francia:**
VME: 260 mg/m3 (200 ppm)
VLE: 1300 mg/m3 (1000ppm)

**Alemania:**
MAK: 260 mg/m3 (200 ppm)

**MANEJO**

Vestimenta

Evite todo contacto de la piel con el alcohol metílico. Se debe usar ropa y guantes antidisolventes; asimismo, toda la ropa de protección (trajes, guantes, calzado, gorros y cascos) debe estar limpia, disponible y emplearse cada día de trabajo.
ACGIH califica el caucho de nitrilo o Viton® como material de protección muy bueno.

Protección de los ojos

Cuando trabaje con líquidos, emplee gafas a prueba de salpicaduras de sustancias químicas y un escudo de protección de cara, o protección respiratoria con pieza facial de cara completa. No deben usarse lentes de contacto al utilizar metanol.

Manipulación

Donde sea posible, limitar las operaciones a un lugar cerrado con ventilación de escape local en el lugar de las emisiones químicas. Si no se usa un lugar cerrado o ventilación de escape local, deben usarse respiradores (máscaras protectoras), y el lugar debe estar siempre bien ventilado.
Donde sea posible, bombear el alcohol metílico líquido en forma automática desde los tambores u otros recipientes de almacenamiento a los recipientes de procesamiento. Al trasvasar pequeñas cantidades con pipeta, utilizar propipetas, y nunca aspirar con la boca. Asimismo, no se debe comer, fumar o beber donde se manipula, procesa o almacena el metanol, pues se puede tragar la sustancia química.
Debe haber un lavado cuidadoso de manos antes de comer o fumar, inmediatamente después de exponerse al alcohol metílico y al término de la jornada de trabajo. Asimismo, resulta importante lavarse las partes del cuerpo que hayan podido estar en contacto con el metanol aunque usted no esté seguro si se produjo o no un contacto con la piel.
Si existe la posibilidad de exposición de la piel, deben suministrarse instalaciones para duchas de emergencia. Los trabajadores cuya ropa haya sido contaminada por el alcohol metílico deben cambiarse inmediatamente y ponerse ropa limpia.

**ALMACENAMIENTO**

Cuando se trata de cantidades grandes, el metanol debe almacenarse en recipientes de acero al carbón rodeado de un dique, y con sistema de extinguidores de fuego a base de polvo químico seco o dióxido de carbono; en el caso de cantidades pequeñas, entonces puede manejarse en recipientes de vidrio. Sea como fuere, el metanol siempre debe mantenerse en recipientes bien cerrados, en áreas frías y bien ventiladas, alejado de fuentes de ignición y protegido de la luz directa del sol. Asimismo, está terminantemente prohibido fumar o prender fuego abierto donde se usa, maneja o almacena metanol.

De otra parte, se debe evitar el contacto con oxidantes fuertes (tales como cloro, bromo y flúor) porque se producen reacciones violentas. De igual modo, los envases de metal utilizados durante la transferencia de alcohol metílico deben estar conectados a tierra y unidos. Los cilindros deben estar equipados con válvulas automáticas, tapas de presión al vacío y parallamas. Se debe usar equipo y herramientas que no produzcan chispas, especialmente al abrir y cerrar envases de alcohol metílico.

## RIESGOS

### Riesgos de fuego y explosión

Es un producto inflamable. Sus vapores pueden explotar si se prenden en un área cerrada y pueden viajar a una fuente de ignición, prenderse y regresar al área donde se produjeron en forma de fuego. Los contenedores pueden explotar. Al incendiarse, se producen gases venenosos como el formaldehído.

### Riesgos a la salud

El envenenamiento puede efectuarse por ingestión, inhalación o absorción cutánea. Ello se debe, posiblemente, a su oxidación en ácido fórmico o formaldehído, que se sabe que puede ser inhibida por etanol, pues el etanol es metabolizado de manera muy específica y desintoxica al organismo de metanol por medio de la respiración. Después de la muerte, el efecto más grave de este producto es la ceguera permanente. Veamos, seguidamente, un conjunto de riesgos posibles y sus efectos.

- Inhalación: La exposición a una concentración mayor de 200 ppm produce dolor de cabeza, náusea, vómito e irritación de membranas mucosas. Concentraciones muy altas pueden dañar el sistema nervioso central y causar problemas en la visión.

Los efectos del metanol son acumulativos y una exposición constante, aún a bajos niveles, puede causar muchos de los efectos mencionados arriba, así como daño al hígado. Estos efectos varían con cada individuo.

- Contacto con ojos: Tanto los vapores como el líquido son muy peligrosos, pues se ha observado que el metanol tiene un efecto específico sobre el nervio óptico y la retina.

- Contacto con la piel: El contacto directo produce dermatitis y los efectos típicos (mencionados arriba) de los vapores de metanol que se absorben por la piel.

- Ingestión: El envenenamiento por este medio se lleva a cabo frecuentemente por etanol adulterado y sus efectos dependen de la cantidad ingerida, pues, como se mencionó arriba, el etanol afecta el metabolismo del metanol. Generalmente, una dosis de 25 a 100 ml resulta fatal. Al principio se produce una narcosis similar a la producida por el etanol, pero después de 10 a 15 horas se presentan daños más graves sobre el sistema nervioso central, específicamente sobre el nervio óptico y, finalmente, se presentan los efectos agudos ya mencionados.
- Carcinogenicidad: No se ha observado un incremento en los casos de cáncer en trabajadores expuestos a metanol, en estudios epidemiológicos.
- Mutagenicidad: Resultó ser no mutagénico en estudios con Salmonella typhimuriumun y no indujo el intercambio de cromátida hermana.
- Peligros reproductivos: En estudios con concentraciones altas de vapor (10 000 ppm) se incrementan las malformaciones congénitas, las cuales incluyen órganos urinarios y cardiovasculares. A concentraciones de 5 000 ppm no se observaron estos efectos.

## ACCIONES DE EMERGENCIA

### Primeros auxilios

- Inhalación: Mover a la víctima a un área bien ventilada y mantenerla abrigada. Si no respira, dar respiración artificial y oxígeno.
- Ojos: Lavarlos con agua o disolución salina neutra en forma abundante durante al menos 15 minutos, abriendo los párpados con los dedos.
- Piel: Lavar la zona dañada inmediatamente con gran cantidad de agua y jabón. En caso necesario, quitar la ropa contaminada rápidamente.
- Ingestión: No inducir el vómito. Pueden utilizarse de 5 a 10 gr de bicarbonato de sodio para contrarrestar la acidosis provocada por este producto y en algunos casos, se ha informado de hemodiálisis como método efectivo para este tipo de envenenamiento.
En todos los casos de exposición, el paciente debe ser transportado al hospital tan pronto como sea posible.

### Control de fuego

- Usar agua en forma de neblina, pues los chorros de agua pueden ser inefectivos.
- Enfriar todos los contenedores involucrados con agua. El agua debe aplicarse desde distancias seguras.
- En caso de fuegos pequeños, puede utilizarse extinguidores de espuma, polvo químico seco y dióxido de carbono.

## Fugas y derrames

- Utilizar el equipo de seguridad mínimo (bata, lentes de seguridad y guantes) y, dependiendo de la magnitud del siniestro, utilizar equipo de protección completo y de respiración autónoma.
- Alejar cualquier fuente de ignición del derrame.
- Ventilar el área del derrame o escape.
- Evitar que el metanol llegue a fuentes de agua y drenajes. Para ello construir diques con tierra, bolsas de arena o espuma de poliuretano, o bien, construir una fosa.
- Para aminorar los vapores generados, utilizar agua en forma de rocío y almacenar el líquido. Si el derrame es al agua, airear y evitar su movimiento mediante barreras naturales o bombas para controlar derrames y succionar el material contaminado.
- Absorber los líquidos mediante materiales como la vermiculita, arena seca, tierra, etc. y depositarlos en recipientes herméticamente cerrados. Tener la precaución debida pues el material utilizado para absorber puede quemarse; asimismo, este y el agua contaminada deben almacenarse en lugares seguros y desecharlos posteriormente de manera adecuada.
- En el caso de derrames pequeños, el líquido puede absorberse con papel y llevarse a una área segura para su incineración o evaporación, después se debe lavar el área con agua.
- Evitar que el metanol llegue a espacios cerrados o confinados donde puede haber riesgos de explosión.


## Desechos

En el caso de cantidades pequeñas, puede dejarse evaporar o incinerarse en áreas seguras. Para volúmenes grandes, se recomienda la incineración controlada junto con otros materiales inflamables.

# Hidróxido de sodio

**FÓRMULA** NaOH
**PESO MOLECULAR** 40.01 g/mol
**COMPOSICIÓN** Na: 57.48%; H: 2.52%; O:40.00%
**SINÓNIMOS** Soda, soda cáustica, sosa, sosa cáustica, lejía

## RESUMEN DE LOS RIESGOS

- Puede causar quemaduras a los ojos, piel y membranas mucosas.
- Puede causar daño ocular permanente.
- La inhalación del polvo o aerosol puede causar daños graves en el tracto respiratorio.
- Su ingestión puede causar quemaduras severas de la boca, garganta, esófago y estómago. Ello puede causar la muerte.
- En el largo plazo, puede ocurrir cáncer de esófago en personas que han ingerido hidróxido de sodio (sólido, en solución, polvo o neblinas).
- Puede reaccionar violentamente con agua, ácidos y otras sustancias.
- Es altamente corrosivo.

## GENERALIDADES

El hidróxido de sodio es un sólido blanco e industrialmente se utiliza como disolución al 50 % por su facilidad de manejo.
Es soluble en agua, desprendiéndose calor cuando se mezclan. De igual modo, absorbe humedad y dióxido de carbono del aire, y es corrosivo para metales y tejidos. Es usado en síntesis, en el tratamiento de celulosa para hacer rayón y celofán, en la elaboración de plásticos, jabones y otros productos de limpieza, entre varios otros usos.
El hidróxido de sodio se obtiene, principalmente, por electrolisis de cloruro de sodio, por reacción de hidróxido de calcio y carbonato de sodio, y al tratar sodio metálico con vapor de agua a bajas temperaturas.

## NÚMEROS DE IDENTIFICACIÓN

**CAS:** 1310-73-2
**UN:** 1823
**NIOSH:** WB4900000
**NOAA:** 9073
**RTECS:** WB4900000
**NFPA:** Salud: 3 Reactividad: 1 Fuego: 0
**HAZCHEM CODE** 2R

**MARCAJE:** Sólido corrosivo.

## SINÓNIMOS EN OTROS IDIOMAS

**Inglés:** Caustic soda, Sodium hydroxide, Sodium hydrate, Ascarite, Collo-grillrein, Collo-tapetta, Red devil lye, Lye, Soda lye, White caustic.
**Francés:** Hydroxyde de sodium.
**Alemán:** Natriumhydroxid, Aetznatron.
**Italiano:** Idrossido di sodio.

## PROPIEDADES QUÍMICAS

El NaOH reacciona con metales como Al, Zn y Sn, generando aniones como $AlO_2^-$, $ZnO_2^-$ y $SnO_3^{2-}$ e hidrógeno. Con los óxidos de estos metales, forma esos mismos aniones y agua. Con cinc metálico, además, hay ignición. Se ha informado de reacciones explosivas entre el hidróxido de sodio y el nitrato de plata amoniacal caliente, 4-cloro-2-metil-fenol, 2-nitro anisol, cinc metálico, N,N, -bis(trinitro-etil)-urea, azida de cianógeno, 3-metil-2-penten-4-in-1-ol, nitrobenceno, tetrahidroborato de sodio, 1,1,1-tricloroetanol, 1,2,4,5-tetraclorobenceno y circonio metálico.
Con bromo, cloroformo y triclorometano las reacciones son vigorosas o violentas. La reacción con sosa y tricloroetileno es peligrosa, ya que este último se descompone y genera dicloroacetileno, que es inflamable.

## PROPIEDADES FÍSICAS Y TERMODINÁMICAS

**Densidad:** 2.13 g/ml (25 °C).
**Presión de vapor (mm de Hg):** 1 (a 739 °C).
**Punto de ebullición (°C):** 1388 (760 mm de Hg).
**Punto de fusión:** 318.4 °C.
**Solubilidad:** soluble en agua, alcoholes y glicerol. Insoluble en acetona (aunque reacciona con ella) y éter. 1 g se disuelve en 0.9 ml de agua, 0.3 ml de agua hirviendo, 7.2 ml de alcohol etílico y 4.2 ml de metanol.
**pH de soluciones acuosas:** 0.05%: pH 12; 0.5%: pH 13; 5%: pH 14

## NIVELES DE TOXICIDAD

**RQ:** 1000
**IDLH:** 250 mg/m3
**LD50 (en conejos):** 500 ml/kg de una disolución al 10%
**Niveles de irritación a piel de conejos (50 mg, 24 h):** severa
**Niveles de irritación a ojos de conejos:** 4 mg, leve; 1% o 50 microg/24 h, severa

**Estados Unidos:** TLV-C: 2 mg/m3
**Francia:** VME: 2 mg/m3
**Alemania:** MAK: 2 mg/m3
**Reino Unido:**
Periodos largos: 2 mg/m3
Periodos cortos: 2 mg/m3

## MANEJO

Equipo de protección personal

Para el manejo de NaOH es necesario el uso de lentes de seguridad, bata y guantes de neopreno, nitrilo o vinilo. Siempre debe manejarse en una campana y no deben utilizarse lentes de contacto al trabajar con este compuesto. En caso de contaminación de la ropa, quitar inmediatamente, y lavar y secar antes de su reempleo.

Protección de los ojos

Utilizar gafas de protección química y no usar lentes de contacto. Donde haya posibilidad de que los ojos puedan quedar expuestos al hidróxido de sodio o soluciones de él, debe haber disponible un equipo de lavado de ojos.

Protección respiratoria

Ella no es necesaria bajo condiciones normales de uso. En caso de que se puedan producir contaminantes aerotransportados, usar un respirador aprobado. Para bajas concentraciones en el aire (100 mg/m3 o menos), es suficiente un respirador de partículas de alta eficiencia, con protección de cara completa.

Manipulación

En el caso de trasvasar pequeñas cantidades de disoluciones de soda con pipeta, utilizar una propipeta, nunca aspirar con la boca. De igual modo, se debe utilizar equipo de protección personal, contar con una ducha de seguridad y con equipo de lavado de ojos cerca del lugar de trabajo. No se requiere equipo de ventilación especial para las condiciones normales de uso, pero es importante utilizar sistemas adecuados de ventilación local (extractores de aire) y evitar la inhalación de polvo. Los contenedores, incluso cuando están vacíos, retienen residuos y vapores del producto y deben ser manejados como si estuvieran llenos. Evitar que el NaOH entre en contacto con los ojos, piel o vestimenta. No ingerir.

Mantener alejado de ácidos, para evitar posibles reacciones violentas. Si el producto es añadido muy rápidamente, o sin agitar, y se concentra en el fondo del envase de mezclado, se puede generar un exceso de calor, que resulta en peligro de ebullición y salpicaduras, o una posible erupción inmediata y violenta de solución cáustica.

## ALMACENAMIENTO

El hidróxido de sodio debe ser almacenado en un lugar seco, protegido de la humedad, el daño físico y alejado de ácidos, metales, disolventes clorados, explosivos, peróxidos orgánicos y materiales que puedan arder fácilmente. Se deben mantener los recipientes cerrados excepto las veces que se transfiera el material.

## RIESGOS

Riesgos de fuego y explosión: El hidróxido de sodio no es inflamable. Sin embargo, puede provocar fuego si se encuentra en contacto con materiales combustibles. Por otra parte, se generan gases inflamables al ponerse en contacto con algunos metales. Es soluble en agua
generando calor.

Riesgos a la salud: El hidróxido de sodio es irritante y corrosivo de los tejidos. Los casos más comunes de accidente son por contacto con la piel y ojos, así como inhalación de neblinas o polvo.

Inhalación: La inhalación de polvo o neblina causa irritación y daño al tracto respiratorio. En caso de exposición a concentraciones altas, se presenta ulceración nasal. A una concentración de $0.005 - 0.7$ mg/m3, se ha informado de quemaduras en la nariz y tracto. En estudios con animales, se han reportado daños graves en el tracto respiratorio, después de una exposición crónica.

Contacto con ojos: El NaOH es extremadamente corrosivo a los ojos, por lo que las salpicaduras son muy peligrosas, ya que pueden provocar desde una gran irritación en la córnea, ulceración, nubosidades y, finalmente, su desintegración. En casos más severos puede haber ceguera permanente, por lo que los primeros auxilios inmediatos son vitales.

Contacto con la piel: El NaOH sólido es altamente corrosivo a la piel. Se han hecho biopsias de piel en voluntarios a los cuales se aplicó una disolución de NaOH 1N en los brazos de 15 a 180 minutos, observándose cambios progresivos, empezando con disolución de células en las partes callosas, pasando por edema y llegando hasta una destrucción total de la epidermis en 60 minutos. Las disoluciones de concentración menos del 0.12% dañan la piel en aproximadamente

1 hora. Se han reportado casos de disolución total de cabello, calvicie reversible y quemaduras del cuero cabelludo en trabajadores expuestos a disoluciones concentradas de sosa por varias horas. Por otro lado, una disolución acuosa al 5% genera necrosis cuando se aplica en la piel de conejos por 4 horas.

Ingestión: Causa quemaduras severas en la boca. Si se traga, además, se produce un daño en el esófago, que genera vómitos y colapso.

Carcinogenicidad: Este producto está considerado como posible causante de cáncer de esófago, aún después de 12 a 42 años de su ingestión. La carcinogénesis puede deberse a la destrucción del tejido y la formación de costras, más que por el producto en sí mismo.

Mutagenicidad: Se ha encontrado que este compuesto es no mutagénico.

Peligros reproductivos: No hay información disponible.


## ACCIONES DE EMERGENCIA

Primeros auxilios

- Inhalación: Retirar del área de exposición hacia una bien ventilada. Si el accidentado se encuentra inconsciente, no dar a beber nada, dar respiración artificial y rehabilitación cardiopulmonar. Si se encuentra conciente, levantarlo o sentarlo lentamente, y suministrar oxígeno si es necesario.
- Ojos: Lavar con abundante agua corriente, asegurándose de levantar los párpados hasta eliminación total del producto.
- Piel: Quitar la ropa contaminada inmediatamente. Lavar el área afectada con abundante agua corriente.
- Ingestión: No provocar el vómito. Si el accidentado se encuentra inconsciente, tratarlo como en el caso de inhalación. Si aquel está consciente, se debe darle a beber una cucharada de agua, inmediatamente, y después, cada 10 minutos.
En todos los casos de exposición, el paciente debe ser transportado al hospital tan pronto como sea posible.


Control de fuego

Pueden usarse extinguidores de agua en las áreas donde haya fuego y se almacena NaOH, evitando que haya contacto directo con el compuesto.

## Fugas y derrames

1. En todo caso de derrame, ventilar el área y colocarse la ropa de protección necesaria, como lentes de seguridad, guantes, overoles químicamente resistentes, botas de seguridad.
2. Mezclar el sólido derramado con arena seca, neutralizar con HCl diluido, diluir con agua, decantar y tirar al drenaje. La arena puede desecharse como basura doméstica.
3. Si el derrame es una solución, hacer un dique y neutralizar con HCl diluido. Agregar gran cantidad de agua y tirar al drenaje.

## Desechos

Para pequeñas cantidades, agregar lentamente y con agitación, agua y hielo. Ajustar el pH a neutro con HCl diluido. La disolución acuosa resultante, puede tirarse al drenaje diluyéndola con agua. Durante la neutralización se desprende calor y vapores, por lo que debe hacerse lentamente y en un lugar ventilado adecuadamente.

## DEFINICIONES

- ACGIH es la Conferencia Estadounidense de Higienistas Industriales Gubernamentales. Recomienda el valor umbral límite de exposición (llamado TLV) a sustancias químicas en el lugar de trabajo.
- EPA es la Agencia de Protección al Medio Ambiente, la agencia federal estadounidense responsable de regular peligros ambientales.
- HHAG es el Grupo de Evaluación de la Salud Humana de la agencia federal EPA.
- IARC es la Agencia Internacional para las Investigaciones sobre el Cáncer, grupo científico que clasifica los productos químicos según su potencial de causar cáncer.
- MSHA es la Administración de Salud y Seguridad de Minas, la agencia federal estadounidense que regula la minería. También evalúa y aprueba los respiradores (máscaras protectoras).
- NAERG es la Guía Norteamericana de Respuestas a Emergencias. Ha sido realizada en conjunto por Transport Canada, el Departamento de Transporte de los Estados Unidos y la Secretaría de Comunicaciones y Transporte de México. Es una guía para casos de emergencia que permite realizar una identificación rápida de los riesgos genéricos y específicos que pueden resultar en caso de ocurrir un incidente en la transportación de material peligroso, a fin de proteger a las personas involucradas así como al público en general en la etapa inicial de respuesta al incidente.

- NCI es el Instituto Nacional de Cáncer, una agencia federal estadounidense que determina el potencial de causar cáncer que tienen las sustancias químicas.
- NFPA es la Asociación Estadounidense para la Protección contra los Incendios. Clasifica las sustancias de acuerdo con el riesgo de explosión o de incendio.
- NIOSH es el Instituto Estadounidense para la Salud y Seguridad Ocupacionales. Examina equipos, evalúa y aprueba los respiradores, realiza estudios sobre los peligros en el lugar de trabajo y propone normas a OSHA.
- NTP es el Programa Estadounidense de Toxicología que examina los productos químicos y revisa las evidencias de cáncer.
- CAS: El número CAS es asignado por el Servicio de Abstractos Químicos (Chemical Abstracts Service) para identificar una sustancia química específica.
- OSHA es la Administración de Salud y Seguridad Ocupacionales de los Estados Unidos, que adopta y hace cumplir las normas de salud y seguridad.
- TLV es el valor umbral límite, el límite de exposición en el lugar de trabajo recomendado por ACGIH.
- Un carcinógeno es una sustancia que causa cáncer.
- Una sustancia combustible es un sólido, líquido o gas que se quema.
- Una sustancia corrosiva es un gas, líquido o sólido que causa daños irreversibles al tejido humano o a los envases.
- Una sustancia inflamable es un sólido, líquido, vapor o gas que se enciende fácilmente y se quema rápidamente.
- Una sustancia miscible es un líquido o gas que se disuelve uniformemente en otro.
- Un mutágeno es una sustancia que causa mutaciones. Una mutación es un cambio en el material genético de una célula del cuerpo. Las mutaciones pueden ocasionar defectos de nacimiento, abortos o cáncer.
- La presión de vapor es la medida de la facilidad con que un líquido o sólido se mezcla con el aire en su superficie. Una presión de vapor más alta indica una concentración más alta de la sustancia en el aire y por lo tanto aumenta la probabilidad de inhalarla.
- El punto de inflamabilidad es la temperatura a la cual un líquido o sólido desprende vapor que puede formar una mezcla inflamable con el aire.
- Una sustancia reactiva es un sólido, líquido o gas que puede causar una explosión bajo ciertas condiciones o en contacto con otras substancias específicas.
- Un teratógeno es una sustancia que causa defectos de nacimiento al dañar el feto.

# Índice

www.ingramcontent.com/pod-product-compliance
Lightning Source LLC
Chambersburg PA
CBHW071624170526
45166CB00003B/1188